无人机飞行控制技术——小型共轴无人直升机控制系统

王长龙　武　斌　李永科　马晓琳　林志龙　邢　娜　著

科学出版社

北　京

内 容 简 介

本书通过合理简化小型共轴无人直升机(Small-scale Coaxial Unmanned Helicopter，SCUH)所受合力和力矩，建立了全状态非线性数学模型；分别设计了 SCUH 中低速水平飞行鲁棒 H_∞控制器、基于反步法姿态控制器和轨迹跟踪滑模控制器；介绍了基于多传感器数据融合的 SCUH 航姿测量方法；说明了小型共轴无人直升机的飞行实验情况。

本书可供航空航天领域从事飞行控制工作的技术人员阅读，也可作为高等院校飞行控制和测控技术相关专业教师和研究生的参考书。

图书在版编目（CIP）数据

无人机飞行控制技术：小型共轴无人直升机控制系统/王长龙等著. —北京：科学出版社，2021.3

ISBN 978-7-03-066593-5

Ⅰ. ①无… Ⅱ. ①王… Ⅲ. ①无人驾驶飞机-飞行控制 Ⅳ. ①V279

中国版本图书馆 CIP 数据核字（2020）第 210867 号

责任编辑：王 哲 / 责任校对：王萌萌

责任印制：吴兆东 / 封面设计：蓝正设计

科 学 出 版 社 出版

北京东黄城根北街 16 号

邮政编码：100717

http://www.sciencep.com

北京厚诚则铭印刷科技有限公司 印刷

科学出版社发行 各地新华书店经销

*

2021 年 3 月第 一 版 开本：720 × 1000 B5

2024 年 2 月第三次印刷 印张：8 1/4 插页：2

字数：160 000

定价：99.00 元

（如有印装质量问题，我社负责调换）

前　言

无人机(Unmanned Aerial Vehicle，UAV)是一种利用机载航电设备和自动控制系统，通过自主飞行控制或者无线电遥控模式执行各项任务的无人驾驶飞行器。相比于载人飞行器而言，其具有造价低、体积小、便于携带、人员风险小等优点，在近年来的几次现代化局部战争中发挥了重要作用，受到了各国的广泛关注。按外形结构来分，目前研究和使用最多的无人机主要包括两大类：固定翼无人机和旋翼无人机。无人直升机(Unmanned Helicopter，UH)是旋翼无人机中非常重要的一类，与固定翼无人机相比，小型无人直升机可以实现垂直起降、定点悬停、侧飞、后飞等功能，在情报获取、战场勘察、电力巡线、地图测绘、交通监控等军事和民用领域得到了广泛的应用。

相比于传统单旋翼直升机，小型共轴无人直升机(Small-scale Coaxial Unmanned Helicopter，SCUH)具有结构对称、操纵性好、飞行效率高、速度快等突出优点。虽然小型共轴无人直升机性能优越，具有巨大的应用前景，但是现有的小型共轴无人直升机存在功能有限、智能化程度不高，甚至不具备自主飞行能力等不足，其实际应用非常有限。究其原因，主要是小型共轴无人直升机是一个非常复杂的高阶非线性系统，而且具有动力学特性复杂、参数时变、通道间耦合严重、欠驱动、开环不稳定等特点，实际飞行过程中又常常受到阵风和外界未知干扰的影响。因此，SCUH 的飞行控制器设计是各国研究的热点和难点问题。

设计并实现飞行控制系统，在关键技术上缩小与国外的差距，特别是对以非线性控制方法为代表的先进的飞行控制理论和技术的应用研究，对促进小型共轴无人直升机在军事和民用领域的应用具有重要的理论和实际意义。鉴于此，本书紧密结合小型共轴式直升机自主控制研究现状，在建立 SCUH 数学模型的基础上，分别介绍了中低速水平飞行鲁棒控制方法和控制器设计，以及干扰条件下的非线性控制方法、基于自适应反步控制的 SCUH 姿态控制方法和基于滑模控制的 SCUH 轨迹跟踪控制方法，并完成了飞行控制系统的构建和飞行实验。目的在于解决小型共轴无人直升机存在建模误差和未知干扰条件下的飞行控制问题，为 SCUH 在军事和民用领域的实际应用奠定了基础。

全书共分为 7 章。第 1 章介绍了共轴式直升机研究现状和飞行控制关键技术，概述了本书的基本框架和主要内容。第 2 章建立了 SCUH 数学模型。基于牛顿-欧拉方程得到 SCUH 的动力学和运动学模型。通过合理简化 SCUH 所受合力和力矩，建立了全状态非线性数学模型，并将非线性模型在平衡点处线性化，为后续控制器设计提供模型基础。第3章介绍了一种SCUH中低速水平飞行鲁棒 H_∞ 控制器设计方法。将不同水平速度下的线性模型用带有不确定参数的摄动模型统一描述，将全状态线性化模型分解为水平速度子系统、垂直-航向子系统和滚转-俯仰子系统3个耦合较小的子系统，基于子系统的不确定线性模型分别设计了鲁棒 H_∞ 反馈控制律，根据Lyapunov稳定性定理分析了子系统的稳定性条件。对于滚转-俯仰通道，考虑将旋翼挥舞运动等效为准稳态和实际控制系统信号传输引起的输入时滞，提出了一种改善时滞系统 H_∞ 控制律保守性的方法。第4章针对SCUH存在建模误差且易受干扰，而鲁棒 H_∞ 控制方法在存在干扰时控制误差较大的问题，介绍了一种基于反步法姿态控制方法。首先，采用径向基神经网络(Radial Basis Function Neural Network，RBFNN)对建模误差进行在线估计；其次，设计了干扰观测器对RBFNN估计误差和未知外部扰动进行估计；然后，结合干扰估计，设计了反步控制律。通过选择合适的控制器和干扰观测器参数，基于Lyapunov稳定性定理分析了闭环系统是渐进稳定的。第5章介绍了SCUH轨迹跟踪滑模控制方法。针对滑模控制存在抖振的问题，建立了改进的滑模面。采用扩张状态观测器对系统扰动进行估计，基于扰动估计设计了改进的滑模控制律。根据Lyapunov稳定性定理分析可得很小的切换增益就能保证系统的稳定，说明设计的滑模控制律具有较好的抖振抑制能力。第6章介绍了姿态测量方法。针对陀螺漂移和干扰导致姿态测量精度下降的问题，设计了自适应无迹卡尔曼滤波方法并用于姿态测量，提高了抗扰动能力和姿态测量精度。第7章介绍了SCUH飞行实验。设计了结构对称的实验样机，根据SCUH飞行控制需求，完成了主要硬件模块的选择和软件模块的设计，构建了飞行控制系统。完成了遥控模式下的姿态稳定控制、悬停和小速度前飞实验，自主飞行模式下的按设定航点飞行等实际飞行科目，实验结果表明了该飞行控制系统的可行性和良好的控制性能。

作者根据长期对小型共轴无人直升机自主控制技术研究的经验和成果，撰写了本书，其中王长龙、武斌撰写了第3～6章，李永科撰写了第1章，马晓琳撰写了第2章，林志龙、武斌和邢娜撰写了第7章。南京航空航天大学直升机旋翼动力学国防科技重点实验室徐锦法老师提供了飞行控制系统硬件实验平台，并对飞行实验进行了耐心指导和帮助;陆军工程大学石家庄校区的同事们在本书编写过程中也给予了大力支持，作者在此一并深表谢意。希望本书的出版，能够促进小型共轴无人直升机飞控体系的进一步完善，推动该技术在军事和民用领域的应用。

由于作者经验和水平有限，本书内容难免存在不妥之处，恳请广大读者和同行批评指正。

目　录

第1章 绪　　论

1.1 概　　述

无人机(Unmanned Aerial Vehicle，UAV)是一种利用机载航电设备和自动控制系统，通过自主飞行控制或者无线电遥控模式执行各项任务的无人驾驶飞行器[1,2]。相比于载人飞行器而言，具有造价低、体积小、便于携带、人员风险小等优点，在近年来的几次现代化局部战争中发挥了重要作用，受到了各国的广泛关注。按外形结构来分，目前研究和使用最多的无人机主要包括两大类：固定翼无人机和旋翼无人机。无人直升机(Unmanned Helicopter，UH)是旋翼无人机中非常重要的一类，与固定翼无人机相比，具有垂直起降、超低速飞行、定点悬停、侧飞、后飞以及机动性好等功能，可以在狭小的空间或者复杂环境中执行任务。由于无人直升机具有这些独特的优势，其已经逐渐成为难以替代的空中力量，在各个领域发挥着重要作用[3]。无人直升机既可以作为情报获取、战场勘察、通信中继、电子对抗和目标截获等军事应用的平台，也可以用于航拍、搜救、电力线路巡检、地图测绘、交通监控、环境监测、森林防火等民用领域[4]。

小型化是无人直升机的发展方向之一，随着复合材料、动力系统、微电子技术、传感器以及全球定位技术等的不断发展，相关任务设备的性能不断提高、体积和重量逐步减小，使得无人直升机的小型化成为一种可能。根据国际无人直升机协会的分类，小型无人直升机(Small-scale Unmanned Helicopter，SUH)的翼展和机身尺寸在2m以下，自重不超过50kg。小型无人直升机具有重量轻、体积小、成本低、受场地限制小和机动性能好等优点，是无人直升机领域的研究热点。由于经济成本低、易于操作，小型无人直升机也成为了众多科研机构和研究人员进行飞行控制系统研究的实验平台[5]。

无人直升机按结构布局主要分为单旋翼、多旋翼、共轴式、横列式、倾转旋翼和涵道式等，其中，单旋翼和共轴式直升机是当前最为流行的两种无人直升机。与单旋翼直升机相比，共轴式直升机在高速、高空和长航时应用领域具有巨大潜力[6]。共轴式直升机不需尾桨，采用上下共轴反转的两组旋翼来平衡旋翼扭矩，气动特性更加对称，没有了尾桨的功率消耗，悬停效率较高。与相同重量、相同桨盘载荷的单旋翼直升机相比，共轴式直升机旋翼半径仅为单旋翼直升机的70%。共轴式直升机的机身较短，其结构重量和载重均集中在直升机的重心处，因而具有较小的转动惯量、较好的操纵性和较强的加速特性。由于没有尾桨，共轴式直升机消除了单旋翼直升机存在尾桨传动机构的故障隐患，从而提高了生存率[7]。因此，小型共轴无人直升机(Small-scale Coaxial Unmanned Helicopter，SCUH)比小型单旋翼无人直升机具有更优越的性能。

虽然小型共轴无人直升机性能优越，具有巨大的应用前景，但是现有的小型共轴无人直升机存在功能有限、智能化程度不高，甚至不具备自主飞行能力等不足，其实际应用非常有限。究其原因，主要是小型共轴无人直升机是一个非常复杂的高阶非线性系统，而且具有动力学特性复杂、参数时变、通道间耦合严重、欠驱动、开环不稳定等特点，实际飞行过程中又常常受到阵风和外界未知干扰的影响。小型共轴无人直升机能量有限、带载荷能力弱、任务设备舱空间小等特点限制了航姿测量系统的能耗、重量和体积。传统的平台式航姿测量系统采用分立的惯性传感器，这些传感器体积大、重量重，无法用在微小型飞行器上。随着微电子机械系统(Micro Electro Mechanical System，MEMS)的发展，许多微型惯性传感器不断问世。微型惯性传感器与传统器件相比，具有低廉的成本、很小的体积、较小的功耗、高可靠性[8]，这些特点满足了微小型航姿测量系统的需求。单独采用惯性测量方法测量飞行器航姿时存在误差随时间积累的问题，将惯性测量方法与 GPS、地磁测量等非惯性测量方法相结合可以抑制误差的积累。基于传感器数据融合技术的组合航姿测量方法综合利用多个传感器的测量信息，充分发挥各个传感器的优势，是提高航姿测量精度的有效方法，也是目前的研究热点。

因此，设计并实现飞行控制系统，在关键技术上缩小与国外的差距，特别是对以非线性控制方法为代表的先进的飞行控制理论和技术的应用研究，对促进小型共轴无人直升机在军事和民用领域的应用具有重要的理论和实际意义。

1.2 共轴式直升机研究现状

20 世纪 40 年代初，航空爱好者对共轴式布局直升机产生了兴趣。但是，由于当时人们对共轴双旋翼气动特性认识的缺乏以及在结构设计方面遇到的困难，在很长一段时间内共轴式直升机发展十分缓慢。随着世界上第一架可实用的直升机 VS-300 的诞生，单旋翼带尾桨直升机成为大约 80 年来世界直升机发展的主流。但是，人们对共轴式直升机的研究一直没有停止。从 20 世纪 50 年代起，美国、俄罗斯以及日本等国家对共轴双旋翼的气动特性、旋翼间的气动干扰进行了大量风洞实验研究。经过半个多世纪的发展，共轴双旋翼的旋翼理论得到不断的发展和完善，共轴式直升机受到越来越多爱好者的关注[9,10]。

俄罗斯的卡莫夫设计局以研制共轴双旋翼直升机而闻名于世，1945 年开始研制卡-8 共轴式直升机，1947 年完成首飞；1949 年卡-10 直升机问世；1952 年制造出了首款批量生产的卡-15 直升机；1965 年成功研制了卡-25 反潜直升机；90 年代成功研制了当时世界最先进的武装攻击直升机卡-50 和“短吻鳄”卡-52[11]。在型号研制、理论实验研究方面走在了世界前列。俄罗斯在小型共轴直升机研制方面的代表成果是卡-137 多用途无人直升机，于 1994 年开始研制，1999 年定型投产并开始装备陆军和边防部队。卡-137 可携带最大 80kg 的有效载荷，除了军事上的应用之外，主要用于生态监测、渔场保护、船舶航行、救援信号发射等民用航海领域。

美国在直升机的研究方面一直处于世界前列，20 世纪 50 年代已经研制出用于军用反潜的小型共轴遥控直升机 QH-50(图 1-1)，给海军交付了 700 多架。70 年代，西科斯基(Sikorsky)公司发展了一种前行桨叶共轴式直升机，采用刚性桨毂，上下旋翼的间距较小，提高了旋翼的升力和前进比，进行大量的风洞实验[12]，其验证机 XH-59A 于 1973 年进行了试飞。1993 年，西科斯基公司研制出一款小型共轴旋翼无人直升机“Cypher”。机体外围为涵道，保护桨叶的同时，提高了气动效率，可以灵活用于空中监视和侦察[13]。2008 年底，西科斯基公司推出了共轴式布局的复合式高速攻击直升机 X-2，具有特殊的隐身性能和强大的火力，最高时速可以达到 463 km/h，是“黑鹰”直升机的 2 倍、“阿帕奇”直升机的 1.5 倍。2011 年，西科斯基公司和波音(Boeing)公司在 X-2 基础上开始合作研制共轴双旋翼复合式直升机 S-97，2014 年制成首飞原型机，2015 年 5 月完成首飞测试。S-97 直升机在搭载武器和 6 名成员的状态下能够达到 374 km/h 的飞行速度。国外比较成熟的小型共轴无人直升机还有加拿大的 CL-227“哨兵”无人机和德国的“Seamos”无人机等[14]。

图 1-1 QH-50 共轴无人直升机

国内对小型共轴无人直升机的研究起步于 20 世纪 80 年代，北京航空航天大学是最早的研究单位。北京航空航天大学研究的“海鸥”共轴无人直升机(图 1-2)

是我国自行研制的第一架共轴式无人直升机，1995 年 9 月首飞成功，填补了我国在共轴无人直升机领域的空白。随后，又先后研制了 M18、M22、M28 和 FH-1、FH-2 等共轴式无人直升机。其中，FH-1(图 1-3)小型共轴无人直升机已实现了从起飞到降落的无人驾驶自主飞行，可带任务载荷飞行 1.5 h；M28 直升机完成了自主起飞、自主航线飞行、自主着陆，实现了全自主飞行，可用于通信中继、海上搜索和监视、航空遥感和森林防火等方面[15]。

图 1-2 “海鸥”共轴无人直升机

图 1-3 FH-1 小型共轴无人直升机

南京航空航天大学直升机旋翼动力学国家级重点实验室在共轴式直升机理论与建模方面做了大量工作，积累了丰富的经验和丰硕的研究成果[12,16]。北京中航智科技有限公司在共轴无人直升机方面的研究处于国内领先水平，研制的 TD220、TD450 和 T333 等共轴直升机具有良好的性能。TD220(图 1-4)搭载了 HeliAP 飞行控制系统，采用电控-分控式旋翼控制技术提高系统可靠性；采用惯导/GPS 组合导航，利用扩展卡尔曼滤波技术提高数据的准确性；可用于农业植保、海关缉私、应急减灾、地质勘探等众多领域。国内对共轴式直升机的研究机构还包括清华大学[17]、西北工业大学[18]、沈阳理工大学[19]、北京工业大学[20]、南京工业大学[21]等院校。

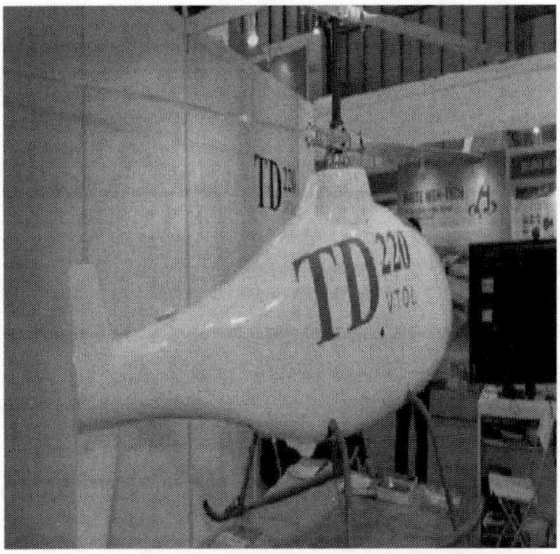

图 1-4 TD220 共轴双旋翼无人直升机

综上可知,共轴双旋翼直升机的应用潜力越来越受到国外航空技术公司重视,西科斯基公司和波音公司等已经投入大量人力、物力、财力到共轴双旋翼布局的直升机研制中,特别是美国政府和军队纷纷对此展开前沿技术的研究。国外旋翼无人直升机技术已经具有很高的水平,应用领域也从陆地扩展到海洋减灾等方面[22]。

与国外相比,我国对小型共轴无人直升机的研究还远远不够,积累的技术和经验不足。尤其是在先进的自动控制方法的研究方面,国外已经能够基于先进的非线性控制方法设计控制器,并将控制器用于飞行实验,甚至实现了超机动飞行。国内大部分的实际应用仍然基于简单的线性控制器,而且实现的功能十分有限,对非线性控制方法的研究也还停留在理论阶段。鉴于小型共轴无人直升机巨大的军事应用价值,而西方国家对我国实行绝对保密和技术封锁,独立自主研究小型共轴无人直升机的自主飞行控制系统已迫在眉睫。

1.3 关键技术及研究现状

小型共轴无人直升机自主飞行控制系统对于能否顺利完成飞行任务至关重要,自主飞行控制系统的设计融合了众多领域的先进技术,其中,高性能的飞行控制器是实现小型共轴无人直升机自主飞行的关键。高性能的飞行控制器通常基于高性能的飞行控制方法,而高性能的飞行控制方法需要有高精度的数学模型作为基础。因此,本节重点对小型共轴无人直升机建模和飞行控制方法两大关键技术及其发展进行介绍。

1.3.1 建模

小型共轴无人直升机机械结构复杂，旋翼气动特性复杂，难以建立精确的动力学模型，尤其是适用于全包线飞行的数学模型具有较大的难度[23,24]。目前，小型无人直升机的建模方法主要包括系统辨识和机理建模两类。

系统辨识是指在对输入输出数据进行观测的基础上，从指定的模型类中确定一个与被测系统等价的模型的一种方法[25,26]。根据信号类型，系统辨识可以分为频域辨识和时域辨识。频域辨识方法在处理噪声方面具有天然的优势，但是频域辨识仅局限于线性系统，适合获得针对某些工作点或小范围飞行包线内的线性模型，辨识所采用的扫频实验需要采集大量的多频段数据，工作繁重耗时。时域辨识方法基于无人直升机的数学模型,采用参数辨识方法获得线性或者非线性模型。相比于线性模型辨识，非线性模型辨识无论是在仿真模型建立方面还是在控制器设计方面都具有更大的价值。常用的时域辨识方法包括预测误差法、最小二乘法非线性滤波以及人工智能算法，比如神经网络遗传算法。

机理建模是根据小型无人直升机结构特点、运动定律和空气动力学理论等基本原理，建立描述大包络飞行的非线性动力学模型，主要分为模型修改法和结构分析法。模型修改法是利用现有已知的直升机动力学模型，在特定工作点附近进行线性化，结合所研究直升机的变量和参数，对线性化模型进行相应的修改[27,28]。该方法仅能描述直升机在某一状态下的模型,而且模型中的气动力参数难以测量,建模的精度往往不高。结构分析法通常以牛顿-欧拉方程为基础，将复杂的直升机系统分解为旋翼、机身、平尾、垂尾等多个部分，分别对各个部件的力和力矩特性建模，然后将各个部件的模型整合得到完整的非线性数学模型。理论上该方法得到的模型精度最高，实际中建模精度取决于各部件气动模型的建模精度。

陈铭等[29,30]根据垂直飞行涡流理论及共轴式直升机的结构特征，推导了航向全差动和半差动操纵模式下垂直飞行的航向动力学方程。周国仪等[31]运用小扰动理论对建立的共轴式直升机非线性数学模型进行了线性化处理，分析了桨盘处的诱导速度，采用 Pitt-Peters 非均匀入流模型很好地处理了上下旋翼之间的气动干扰问题。通过理论计算与试验验证了建立的共轴双旋翼气动分析方法的正确性[32]，为控制系统设计提供了理论依据。贺天鹏等[33]采用 ADAMS 分析程序建立了共轴式直升机双旋翼系统结构的多体动力学模型，经过分析计算，得到了关键部件与旋翼系统结构运动耦合的动力学特性。与台架运转振动测试的结果进行对比，误差基本都在 5%以内，验证了基于多体动力学的分析方法在共轴式直升机复杂系统结构动力学设计中应用的可行性。文献[34]采用经典叶素法和一阶谐波理论，建立了悬停状态下某小型共轴式直升机纵横向通道的理论计算模型，根据飞行试验中采集的直升机输入输出数据，以参数化理论模型为基础，运用系统辨识的方法得到了该机纵横向通道模型。文献[35]基于旋翼均匀入流和牛顿-欧拉方程建立了共轴式无人直升机的非线性模型，针对不同飞行模态下气动参数差异大的问题，采用无迹卡尔曼滤波对非线性系统参数在线辨识，有效解决了共轴无人直升机测量噪声和非线性动态导致的有偏估计问题。实验结果表明该方法收敛性好，辨识精度明显高于预报误差法。董志岩[6]基于叶素理论，采用数值积分方法计算共轴双旋翼的升力和力矩；在上下旋翼横纵向周期变距比值与旋翼升力成正比的条件下，得到共轴直升机的配平值；利用小角度假设，将非线性方程线性化，建立了悬停状态下的线性模型。

对于小型共轴无人直升机而言，一副共轴双旋翼是最主要的结构部件，它既是共轴直升机的升力面，也是操纵面和动力面，也是动力学建模最难的部件。共轴式直升机在各种飞行状态下其上下旋翼均有不同程度的气动干扰，这对共轴式直升机的飞行性能有重要影响[36]。因此，共轴旋翼的建模，尤其是气动特性的分析一直是研究的重点。旋翼的气动建模方法主要有动量滑流理论、叶素理论、涡流理论、CFD(Computational Fluid Dynamics)数值计算等，早在20世纪60年代，著名直升机专家尤里耶夫就对共轴式直升机悬停时的诱导功率进行了初步研究，采用滑流理论计算出了共轴双旋翼的诱导系数，并研究了上下旋翼诱导系数随间距的变化关系[12]。Zimmer[37]将桨叶分成若干个二维叶素，考虑上下旋翼尾流的收缩，采用毕奥-萨瓦尔定律获得流场中任意点诱导速度，进而计算出共轴式双旋翼气动载荷。Nagashima 等[38]基于尾迹模型的方法对共轴双旋翼悬停状态下的性能进行了优化。陈铭等[39]采用固定尾迹分析法，建立了前飞状态下共轴双旋翼的模型，对前飞时共轴双旋翼的气动特性进行了理论研究。文献[40]和文献[41]采用CFD的动量源数值模拟方法模拟共轴双旋翼流场特性，建立了共轴双旋翼气动模型。

对于上下旋翼的气动干扰方面的研究，Roberts 等[42]把共轴式双旋翼看成两个独立的单旋翼，忽略下旋翼对上旋翼的影响，考虑上旋翼对下旋翼有下洗效应，引入一个经验系数来修正计算下旋翼的载荷。Andrew[43]基于固定尾迹和叶素理论建立了共轴双旋翼在悬停状态下气动干扰计算方法。1990年，Valkov[44]用气动干扰因子来表示上下旋翼的气动干扰效应，利用动量理论和叶素理论的组合方法，建立了在垂直和前飞状态下的刚性共轴双旋翼载荷模型，计算结果和试验结果吻合较好。王平[45]采用涡系模型建立悬停状态下共轴式双旋翼的固定尾迹模型，分析了共轴式双旋翼间的气动干扰问题，计算了诱导速度分布。姬乐强[46]采用叶素理论计算旋翼力及力矩特性，引入气动干扰模型及动态入流，对共轴双旋翼自转状态的气动特性进行了理论分析和计算。苏大成等[47]基于 Navier-Stokes 方程对共轴刚性旋翼的气动干扰特性进行了研究。还有许多学者都对共轴双旋翼建模进行了研究[48-51]。

综上所述，在采用合适的方法建立旋翼载荷模型的基础上，基于机理建模推导出小型共轴无人直升机的动态模型，然后通过实际飞行数据和参数辨识方法确定模型参数是建立 SCUH 系统模型的有效方法。这种方法精度最高，建立的模型可以用于小型共轴无人直升机大范围飞行仿真和控制器设计。表 1-1 对机理建模和模型辨识方法的原理、适用模型、方法特点等进行了总结。

表 1-1 小型无人直升机建模方法总结

建模方法	基本原理	模型特点	适用阶段	方法特点
机理建模	牛顿运动定律，空气动力学原理	非线性、强耦合	设计、定型、样机研制	建模组成易扩展，含多种组件物理参数；对模型空气动力学特性深入了解
模型辨识	基于输入输出数据拟合飞行器线性模型	线性化	具备可飞行样机	复杂度低，有效性高，模型易建立；损失了旋翼动力学非线性特征，适合特定工作点建模
混合建模	融合机理建模和模型辨识	非线性/线性皆可	设计、定型、样机研制	复杂度低，有效性高

1.3.2 控制算法

自主飞行控制是小型共轴无人直升机的核心技术。随着直升机执行任务越来越多样化，对飞行控制技术的要求也越来越高。小型共轴无人直升机自身具有强耦合、多输入多输出、系统参数时变、开环不稳定、强非线性、易受干扰等特性，实现其自主飞行具有较大难度。经过几十年的发展，小型无人直升机飞行控制方法从开始的经典 PID 控制，到基于状态空间的线性控制理论，再到各种非线性控制方法和智能控制技术，取得了丰硕的成果[52-55]。

1. 线性控制方法

经典的 PID 控制器由于结构简单、调节参数较少、易于工程实现等优点，是早期小型无人直升机控制器设计的主要方法，现如今仍然是工程实践中最常用的控制方法。Shim 等[56,57]利用雅马哈 R50 飞行平台，采用内-外环控制结构，设计了单通道 PID 控制器，实现了小型无人直升机的自主悬停。文献[58]和文献[59]基于开发的低成本飞行控制系统，采用 PID 控制器控制速度和位置，采用 P 控制器控制姿态，实现了小型无人直升机的悬停控制。文献[60]将直升机模型解耦成滚转、俯仰、偏航与总距通道，设计了 4 个 PD 控制器实现了其前飞、侧飞、偏航与高度控制。李慧等[61]基于 PID 控制设计了共轴无人直升机高度控制系统，针对高度航向耦合问题，在控制律设计时加入了“航向补偿”，降低了航向操纵对于高度的影响。张佳鑫[62]采用 PID 控制为共轴式无人直升机设计了姿态、高度和位置控制器。然而，PID 控制方法是一种单输入单输出的控制方法，用于直升机控制器设计时往往忽略了不同通道之间的耦合，无法发挥小型无人直升机机动性好的优点。经典 PID 控制器通常基于特定平衡点设计，偏离平衡状态时可能会不稳定，不利于大包络飞行控制。而且，PID 参数的整定严重依赖于工程经验。

线性二次型调节器(Linear Quadratic Regulator，LQR)是一种可用于多输入多输出系统的反馈控制方法。基于 LQR 方法设计的控制器相对比较简单，控制器阶数较低，便于工程实现。文献[63]针对无人直升机的姿态动力学，忽略主旋翼挥舞动力学，基于辨识得到的线性模型设计了 LQR 悬停控制器。Gavrilets 等[64,65]将悬停和低速前飞线性模型分解为横向和纵向子模型，采用 LQR 方法，对多个不同前飞速度工作点分别设计了纵向和横向控制器，通过线性插值得到了最终的增益调度控制律。Wang 等[66]在内环基于 LQR 技术设计了无人直升机的控制器，外环采用鲁棒与完全跟踪控制技术，通过仿真验证了控制方法的有效性。Bergerman 等[67]在位置外环采用反馈线性化控制器，姿态环采用 LQR 控制器，设计了串级控制系统。基于该控制策略，实现了雅马哈 RMAX 直升机“8”字形轨迹飞行。文献[68]基于增强型 LQR 方法设计了无人直升机悬停控制器，采用无迹卡尔曼滤波(Unscented Kalman Filter, UKF)在线估计模型简化误差，仿真结果表明该方法能够较好地适应模型不确定。该方法对模型精度要求较高，对外界扰动和系统不确定性的鲁棒性较差。

SCUH 在实际飞行过程中存在未建模动态和阵风扰动等外部干扰，H_∞ 控制方法对模型不确定具有较好的鲁棒性，且具有较好的抗干扰能力。因此，其被广泛地用于无人直升机的飞行控制器的设计之中。Kim 等[69]基于 H_∞ 鲁棒控制技术设计了无人直升机姿态控制器，实现了三个姿态角通道的解耦控制。Gadewadikar 等[70]用回路成形 H_∞ 方法构造控制器。Pradana 等[71]将无人直升机全状态反馈 PID 控制器转换为积分反步形式，采用 H_∞ 方法得到反馈阵。文献[72]基于悬停处线性模型设计了鲁棒 H_∞ 控制方法，对结构不确定具有较好的鲁棒稳定性能。文献[73]考虑存在阵风干扰的情况下，采用双闭环结构，设计了 H_∞ 静态输出反馈控制器，获得了良好的抗风性能。宋宝泉[74]基于反馈线性化得到无人直升机的线性模型，在此基础上设计了 H_∞ 姿态控制器。文献[75]基于小扰动理论推导了小型无人直升机在悬停点的线性模型，设计了鲁棒 H_∞ 控制器。Civita[76]等运用 H_∞ 回路成形技术设计了不同前飞速度下的鲁棒控制器，通过增益调度实现了大范围飞行控制。

2. 非线性控制理论

线性控制器虽然设计简单，易于工程实现，但是其通常是基于特定平衡点处的线性模型设计的，只能保持直升机在设定平衡点附近小范围内机动飞行时有良好的飞行性能。当飞行状态偏离设定的工作点时，控制性能不可避免地会有所下降，甚至造成控制系统不稳定。因此，线性控制器不适用于直升机全包络飞行控制。直升机在大包络范围内飞行时表现出很强的非线性，采用非线性控制方法是提高小型共轴无人直升机控制性能的有效方法。对于非线性控制方法的研究具有重要的理论和应用价值。近年来，对直升机非线性控制方法的研究取得了许多有意义的研究成果，主要包括反馈线性化、反步控制方法、滑模控制等控制方法。

反馈线性化通过引入非线性状态变换将非线性模型转换为线性模型，从而可以采用设计线性控制器的方法对模型进行处理[77]。Koo 等[78,79]根据牛顿-欧拉方程，通过忽略一些耦合因素，将小型无人直升机的非线性模型简化为最小相位系统。采用动态扩展技术对简化模型进行反馈线性化处理，并设计了位置和偏航角跟踪控制器。仿真结果表明该控制策略能够使小型无人直升机实现良好的悬停飞行。文献[80]基于反馈线性化方法设计了无人直升机自适应控制律。袁夏明等[81]在建立了共轴式无人直升机非线性模型的基础上，基于反馈线性化设计了鲁棒轨迹跟踪控制器，仿真结果验证了该方法具有比较理想的跟踪性能与鲁棒性。文献[82]将位置和偏航角作为输出量，对小型无人直升机进行近似反馈控制，结合干扰观测器设计了轨迹跟踪滑模控制器。

反步控制是一种非线性反向递推控制技术，通过选择虚拟控制量和合适的 Lyapunov 函数，得到稳定的控制律。虚拟控制量的引入非常适用于 SCUH 这类欠驱动系统。反步法能够充分利用已建模的非线性特性，设计的控制器对全包线飞行具有良好的控制效果。Mahony 等[83]基于简化的小型无人直升机模型，设计了反步控制律，并分析了该方法的鲁棒性。Ahmed 等[84,85]考虑主桨及稳定翼的挥舞运动，基于反步法设计了速度控制器和位置控制器的控制律。Raptis 等[86]基于小型无人直升机离散非线性模型设计了反步控制器。文献[87]基于内外环控制结构，对模型适当简化，在有阵风干扰的情况下，采用自适应律在线估计扰动，设计了自适应反步控制律，证明了闭环系统的稳定性，仿真结果表明该方法是可行的。文献[88]利用神经网络估计模型不确定性，控制律通过反步法递归得到，仿真结果表明在存在干扰情况下，设计的控制律具有较好的姿态跟踪精度和良好的鲁棒性。文献[89]设计了反步控制器，用于无人直升机的轨迹跟踪控制。将非线性系统拆解为高度子系统、航向子系统和水平位置子系统，结合高阶干扰观测器设计了反步控制器。

滑模控制作为一种流行的变结构控制，通过设计滑模面，使得滑动模态与参数摄动和干扰隔离，因此具有较好的鲁棒性。文献[90]将滑模控制应用于 Trex-250 小型无人直升机，实现了横纵向解耦，并进行了飞行验证。Ifassiouen 等[91]基于近似反馈线性化得到的线性模型，设计了滑模飞行控制器，基于 Lyapunov 定理，分析得到小型无人直升机系统是渐近稳定的，仿真结果验证了设计的控制器具有较好的跟踪性能。Guo 等[92]考虑外界扰动以及小型无人直升机质量的不确定性问题，设计了自适应滑模控制器。Ginoya 等[93]将小型无人直升机的飞行控制系统设计为三层串级结构：姿态内环、速度中环和位置外环，并采用单向辅助面滑模控制方法设计控制器，实现了横向通道和纵向通道的解耦，实际飞行结果验证了该飞行控制器的良好跟踪性能。文献[94]和文献[95]针对传统滑模对非匹配扰动抑制效果不佳的问题，设计了新型全局滑模面，结合扩张扰动观测器设计了改进的滑模控制器，仿真结果验证了该方法能够有效地抑制扰动。

除了以上提到的控制方法，模型预测控制[96,97]、自抗扰控制[98-101]、基于状态黎卡提方程控制[102,103]等非线性控制方法在小型无人直升机的飞行控制器设计中也有一定的应用。随着人工智能技术的不断发展，智能控制方法也被用于小型无人直升机的飞行控制，主要的方法包括神经网络控制[104,105]和模糊控制[106-108]等。

3. 控制方法总结

线性控制方法和非线性控制方法各有优劣，如表 1-2 所示。线性方法设计的控制器是线性的，结构简单，工程实现容易。但是线性控制方法要依据平衡点附近的线性近似模型，对于全包线飞行的控制效果不能尽如人意，对于强非线性系统控制性能无法保证甚至可能不稳定。非线性控制器能够保证系统在大范围的稳定性，但是非线性控制器的设计通常基于复杂的非线性模型，所以，控制器比较复杂，运算量大，实际应用难度较大。因此，对于小型共轴无人直升机而言，具有一定精度的简化模型对于控制器设计非常重要。另外，改善非线性控制器对于模型不确定和外部干扰的鲁棒性对于实际应用意义重大。

表 1-2 小型无人直升机控制方法对比

控制方法	特点
PID 和 LQR	设计过程简单，物理意义明确，鲁棒性不够好
线性 H_∞控制	鲁棒性和稳定性较好
反馈线性化	需要高精度模型
反步控制	非线性好，控制器复杂
滑模控制	鲁棒性好，存在抖振
智能控制	不基于模型，鲁棒性和稳定性无法保证

1.3.3 航姿测量方法

航姿测量系统是基于力学、光学、无线电以及地磁场等理论设计的[109]，常用的测姿方法有惯性测量[110,111]、地磁测量[112]、GPS 测姿[113,114]、计算机视觉测姿[115,116]、星敏感器测量[117]和无线电测姿[118]等。

惯性测量系统具有高度的自主性，它不需要引入任何外界信息就能确定出载体姿态等导航参数，是实现载体自主控制和测量的有效手段，广泛应用在飞机、导弹、舰船上。捷联式惯性导航测量系统是惯性测量系统中的一大类，系统中惯性器件与载体固连，结构简单、便于维护[119]。目前，捷联惯导系统广泛地用于微小型飞机、中短程弹道导弹和巡航导弹的导航，在中低精度测量领域有彻底替代平台式惯导系统的趋势[120]。

捷联航姿测量系统中，需要建立一个“数学平台”，即姿态矩阵，它的功能是实现不同坐标系之间的转换，也可以用于航姿的求解。姿态矩阵需要实时更新以捕捉飞行器不同时刻的航姿，常用的姿态矩阵更新算法有欧拉角法、方向余弦法[121]、四元数法[122]和罗德里格斯参数法[123]等。

单独采用惯性测量方法测量飞行器航姿时存在误差随时间积累的问题，将惯性测量方法与 GPS、地磁测量等非惯性测量方法相结合可以抑制误差的积累[110]。基于传感器数据融合技术的组合航姿测量方法综合利用多个传感器的测量信息，充分发挥各个传感器的优势，是提高航姿测量精度的有效方法，也是目前的研究热点。

传感器数据融合方法大致可分为人工智能和统计方法两大类[124]。人工智能数据融合方法无须建立精确的系统模型，鲁棒性好，但算法复杂，不适用于处理器资源有限的小型共轴无人直升机航姿测量系统。统计方法中，常用的数据融合滤波算法主要包括卡尔曼滤波、粒子滤波[125]、互补滤波[126]、联邦滤波[127]、鲁棒滤波[128]等。卡尔曼滤波是目前公认的最适合于飞行器组合导航系统的数据融合方法，但卡尔曼滤波只适用于线性系统，而航姿测量系统是非线性系统。扩展卡尔曼滤波(Extended Kalman Filter, EKF)[129]和无迹卡尔曼滤波(UKF)[130]是基于卡尔曼滤波改进的非线性滤波方法。小型共轴无人直升机在飞行过程中易受环境噪声的干扰，而 UKF 对干扰噪声没有自适应能力，需要经过改进提高抗干扰能力[131]。

1.4 本书主要内容

本书主要围绕小型共轴无人直升机飞行控制技术开展研究。

第 1 章绪论。介绍了小型共轴无人直升机飞行控制技术的研究目的和意义，阐述了小型共轴无人直升机的研究现状，对控制器设计涉及的建模和飞行控制方法两项关键技术进行了分析。

第 2 章小型共轴无人直升机建模。采用机理建模方法，建立了非线性数学模型。建立了各个部件的力和力矩模型，重点建立了共轴旋翼的拉力和扭矩模型。通过合理简化，得到了非线性模型，对非线性模型线性化得到线性模型。

第 3 章基于鲁棒 H_∞ 控制的 SCUH 水平飞行控制。首先，基于小扰动理论，将 SCUH 非线性模型在多个平衡点处线性化，分别将多个线性化模型的状态矩阵和控制矩阵的平均值作为标称系统的状态矩阵和控制矩阵，将不同平衡点处的线性化模型与标称模型的偏差视为模型不确定性，得到不确定线性模型。将全状态线性化模型分解为水平速度子系统、垂直-航向子系统和滚转-俯仰子系统 3 个耦合较小的子系统，基于子系统的不确定线性模型分别设计了鲁棒 H_∞ 反馈控制律，根据 Lyapunov 稳定性定理分析了子系统的稳定性条件。对于滚转-俯仰通道，考虑将旋翼挥舞运动等效为准稳态和实际控制系统信号传输引起的输入时滞，提出了一种改善时滞系统控制律保守性的方法。仿真结果证明了控制器能够保证系统稳定，对模型不确定性和外界干扰具有较好的鲁棒性。

第 4 章基于自适应反步控制的 SCUH 姿态控制。针对 SCUH 存在建模误差且易受干扰，而鲁棒 H_∞ 控制方法在存在干扰时控制误差较大的问题，基于反步法设计了姿态控制方法。首先，采用 RBFNN 对建模误差进行在线估计；其次，设计了干扰观测器对 RBFNN 估计误差和未知外部扰动进行估计；然后，结合干扰估计，设计了反步控制律。通过选择合适的控制器和干扰观测器参数，基于 Lyapunov 稳定性定理分析了闭环系统是渐进稳定的。仿真结果表明提出的控制方法对建模误差和未知扰动具有较好的鲁棒性，具有较高的姿态控制精度。

第 5 章基于滑模控制的 SCUH 轨迹跟踪控制。设计了 SCUH 轨迹跟踪滑模控制方法。针对滑模控制存在抖振的问题，建立了改进的滑模面。采用扩张状态观测器对系统扰动进行估计，基于扰动估计设计了改进的滑模控制律。根据 Lyapunov 稳定性定理可得很小的切换增益就能保证系统的稳定，说明设计的滑模控制律具有较好的抖振抑制能力。仿真结果表明，改进的滑模控制律能够有效抑制系统扰动，具有较高的轨迹跟踪精度。

第 6 章基于多传感器数据融合的 SCUH 航姿测量。针对陀螺漂移引起姿态解算误差积累的问题，采用无迹卡尔曼滤波算法，利用加速度和地磁信息补偿积累误差。针对 UKF 滤波算法在外界噪声干扰下测量精度降低的问题，引入自适应算法，使量测噪声统计特性随噪声的变化而自适应调整。对自适应 UKF 算法进行了仿真验证，结果表明自适应 UKF 滤波算法对随机干扰有较好的抑制效果。

第 7 章飞行控制系统构建与飞行实验。构建了小型共轴无人直升机飞行控制系统，并完成了飞行实验。通过遥控模式和自主飞行模式完成了姿态控制、定点悬停、中低速水平飞行和自主航迹飞行等飞行科目，验证了设计的飞行控制系统的可行性。

第 2 章　小型共轴无人直升机建模

2.1　引　　言

直升机的数学模型是控制器设计和仿真的基础，模型的精确程度直接影响到控制器的实际性能。小型共轴无人直升机(SCUH)机体主要由共轴旋翼系统、机身、平尾、垂尾、起落架等部件组成，SCUH 的运动是重力和这些部件产生的气动力和力矩综合作用的结果。SCUH 受到的所有外力中，只有旋翼的气动力是可以控制的，其中最主要的控制量是旋翼的拉力。SCUH 通常采用固定旋翼转速、改变桨距角的控制方式，可以操纵的变量包括上下旋翼的总距、纵向周期变距和横向周期变距，通过对这些操纵量的控制改变旋翼拉力的大小和方向，从而使得 SCUH 达到期望的运动状态。总距的变化使上下旋翼的桨叶安装角发生改变，从而控制主旋翼的拉力大小，使直升机上升和下降；同时，总距的变化改变了反向旋转的上下旋翼的反扭矩，通过上下旋翼的总距差动来控制反扭矩，进而控制航向的稳定与运动；横向周期变距和纵向周期变距的变化使得旋翼十字盘的倾斜角发生改变，改变拉力的方向，从而控制桨盘平面后倒和侧倒，使直升机前进、后退和侧飞以及俯仰和滚转。因此，共轴旋翼既是 SCUH 的动力面，又是 SCUH 的操纵面，是 SCUH 最重要的部件。

本章首先基于牛顿运动定律得到了小型共轴无人直升机的运动学和动力学方程。然后，建立了 SCUH 旋翼、机身、平尾和垂尾的力和力矩模型，重点在考虑入流特性和挥舞运动的基础上推导了共轴旋翼的拉力和扭矩模型。最后，通过选取适当的状态量和控制量，并通过合理简化得到了 SCUH 的非线性模型，并对非线性模型进行了线性化，为后续控制器的设计打下基础。

2.2　小型共轴无人直升机运动模型

为了便于后续控制器的设计，建立的直升机模型不宜过于复杂。另外，为了保证控制器的实际可用性，模型应该具有足够的精度。因此，对飞行器和大气环境做如下合理假设，这些假设在直升机前进比小于 0.3 时均有效[132]。

(1) 共轴旋翼飞行器机体为刚体，且为对称结构；

(2) 桨叶为刚性矩形薄片，即不考虑弹性形变且桨叶弦长为常数；

(3) 忽略空气压缩和桨叶失速等。

小型共轴无人直升机在空中飞行时具有 6 个自由度，即 SCUH 质心运动的 3 个平移自由度和绕质心运动的 3 个转动自由度。采用根据牛顿运动定律建立刚体数学模型的方法来建立 SCUH 的 6 自由度运动学和动力学模型。SCUH 的平移运动用位置和速度来描述，转动运动用航向和姿态来描述。SCUH 位置、航向和姿态的描述需要结合特定的坐标系，涉及的坐标系主要有两个：地面坐标系和机体坐标系。

地面坐标系 $O_gX_gY_gZ_g$ 是与大地固定联系的，简称地轴系。其具体定义如下：原点 O_g 为预选的地面某一点；X_g 轴在水平面内，其方向可以任意选择，通常与飞行任务有关；Y_g 按右手法则确定正方向；Z_g 轴铅垂向下，重力加速度沿 Z_g 正方向。

机体坐标系 $O_bX_bY_bZ_b$ 固连在直升机上，具体定义如下：原点 O_b 位于直升机的重心；X_b 轴在机体纵向对称面内，指向机头方向为正，与 X_gY_g 平面的夹角为俯仰角，抬头为正；与 X_gZ_g 平面的夹角为偏航角，向右偏转为正；Y_b 轴垂直于机体纵向对称面，指向机体右边为正，与 X_gY_g 平面的夹角为滚转角，向右下方滚转为正；Z_b 轴在机体纵向对称面内，垂直于纵轴，指向机体下方为正。

2.2.1　运动学模型

小型共轴无人直升机的运动包括平移运动和旋转运动。

1. 平移运动学方程

根据牛顿运动定律，SCUH 的平移运动学方程为

$$\dot{\boldsymbol{P}}_g = \boldsymbol{V}_g = \boldsymbol{R}_{bg}\boldsymbol{V}_b \tag{2-1}$$

其中，$\boldsymbol{P}_g = [P_x, P_y, P_z]^{\mathrm{T}} \in \mathbb{R}^3$ 和 $\boldsymbol{V}_g = [v_x, v_y, v_z]^{\mathrm{T}} \in \mathbb{R}^3$ 分别为地面坐标系下的位置向量和速度向量；$\boldsymbol{V}_b = \left[u_b, v_b, w_b\right]^{\mathrm{T}} \in \mathbb{R}^3$ 为机体坐标系下的速度向量；$\boldsymbol{R}_{bg}$ 表示机体坐标系到地面坐标系的转换矩阵，具体形式如下

$$\boldsymbol{R}_{bg} = \begin{bmatrix} \cos\theta\cos\psi & \sin\phi\sin\theta\cos\psi - \cos\phi\sin\psi & \cos\phi\sin\theta\cos\psi + \sin\phi\sin\psi \\ \cos\theta\sin\psi & \sin\phi\sin\theta\sin\psi + \cos\phi\cos\psi & \cos\phi\sin\theta\sin\psi - \sin\phi\cos\psi \\ -\sin\theta & \sin\phi\cos\theta & \cos\phi\cos\theta \end{bmatrix} \tag{2-2}$$

其中，ϕ、θ、ψ 分别表示滚转角、俯仰角和偏航角。

2. 旋转运动学方程

SCUH 的旋转运动满足如下方程

$$\dot{\boldsymbol{\Theta}} = \boldsymbol{H}(\boldsymbol{\Theta})\boldsymbol{\omega}_b \tag{2-3}$$

其中，$\boldsymbol{\Theta} = [\phi, \theta, \psi]^{\mathrm{T}} \in \mathbb{R}^3$ 为欧拉角向量；$\boldsymbol{\omega}_b = [p, q, r]^{\mathrm{T}} \in \mathbb{R}^3$ 为机体坐标系下的角速度向量，p、q、r 分别为滚转角速率、俯仰角速率和偏航角速率。$\boldsymbol{H}(\boldsymbol{\Theta})$ 的具体形式如下

$$\boldsymbol{H}(\boldsymbol{\Theta}) = \begin{bmatrix} 1 & \sin\phi\tan\theta & \cos\phi\tan\theta \\ 0 & \cos\phi & -\sin\phi \\ 0 & \sin\phi/\cos\theta & \cos\phi/\cos\theta \end{bmatrix} \tag{2-4}$$

2.2.2 动力学模型

SCUH 的动力学模型主要包括平动动力学模型和转动动力学模型，可以用牛顿-欧拉方程来表示。

1. 平动动力学方程

平动动力学特性可描述为

$$\begin{cases} \dot{\boldsymbol{V}}_g = \boldsymbol{g} + \dfrac{1}{m}\boldsymbol{R}_{bg}\boldsymbol{F}_b \\ \dot{\boldsymbol{V}}_b = -\boldsymbol{S}(\boldsymbol{\omega}_b)\boldsymbol{V}_b + \boldsymbol{R}_{bg}^{\mathrm{T}}\boldsymbol{g} + \dfrac{1}{m}\boldsymbol{F}_b \end{cases} \tag{2-5}$$

其中，m 为直升机质量；$\boldsymbol{F}_b$ 为机体坐标系中除重力以外的合外力；$\boldsymbol{g} = [0, 0, g]^{\mathrm{T}}$，$g$ 为地面坐标系中的重力加速度；$\boldsymbol{S}(\boldsymbol{\omega}_b)$ 为反对称矩阵，满足 $\boldsymbol{S}^{\mathrm{T}}(\boldsymbol{\omega}_b) = -\boldsymbol{S}(\boldsymbol{\omega}_b)$，具体形式如下

$$\boldsymbol{S}(\boldsymbol{\omega}_b) = \begin{bmatrix} 0 & -r & q \\ r & 0 & -p \\ -q & p & 0 \end{bmatrix} \tag{2-6}$$

2. 转动动力学方程

转动动力学特性可描述为

$$\boldsymbol{J}\dot{\boldsymbol{\omega}}_b = -\boldsymbol{\omega}_b \times \boldsymbol{J}\boldsymbol{\omega}_b + \boldsymbol{\tau}_b \tag{2-7}$$

其中，$\boldsymbol{\tau}_b$ 为机体坐标系下直升机的合力矩；$\boldsymbol{J}$ 为转动惯量矩阵，考虑到 SCUH 的对称性，$\boldsymbol{J}$ 近似为对角矩阵，即 $\boldsymbol{J} = \mathrm{diag}(J_x, J_y, J_z)$，$J_x$、$J_y$ 和 J_z 为 SCUH 绕 3 个机体轴的转动惯量。

2.3　力和力矩模型

由 2.2.1 节运动模型可知，小型共轴无人直升机模型的精度很大程度上取决于外力和力矩的建模精度。除重力以外，SCUH 受到的主要外力主要来自共轴旋翼的拉力，此外还有机身、平尾、垂尾等部件的气动力。下面主要对共轴旋翼的力和力矩进行分析，然后给出机身、平尾、垂尾的力和力矩计算公式。

2.3.1　共轴旋翼气动建模

精确计算共轴旋翼产生的力和力矩非常困难，主要原因是旋翼入流建模复杂，难度大；而且，上下旋翼之间存在严重的气动干扰，在悬停及中低速飞行时干扰比较突出。本节在分析旋翼入流和推导了挥舞运动方程的基础上，结合动量理论和叶素理论建立了共轴旋翼的拉力和扭矩模型。

1. 共轴旋翼的入流模型

旋翼入流模型是直升机建模中非常重要的一项工作。入流速度的大小及分布对旋翼载荷、运动以及直升机飞行特性有较大影响。文献[51]指出，对于单旋翼来说，一阶谐波形式的静态非均匀入流模型已经具有较高的计算精度，模型简单实用。可以根据共轴式直升机诱导速度分布的特点，将静态非均匀入流模型推广到共轴式直升机。

考虑上下旋翼间的气动干扰，采用气动干扰因子来表示上下旋翼的气动干扰效应。对于下旋翼，入流模型为

$$v_{i1}=v_1\left(1+K_1\frac{r_m}{R}\cos\psi_1\right)+\delta_1 v_2\left(1+K_2\frac{r_m}{R}\cos\psi_2\right) \tag{2-8}$$

其中，v_{i1} 为下旋翼诱导速度；v_1 和 v_2 为下、上旋翼固有平均诱导速度；ψ_1 和 ψ_2 为下、上旋翼桨叶的方位角；R 为旋翼半径；r_m 为桨叶任一剖面到桨毂中心的距离；δ_1 为上旋翼对下旋翼的气动干扰因子，取值范围为 $0\leqslant\delta_1<2$；K_1 和 K_2 分别为下、上旋翼尾迹倾角的经验函数，表达式为

$$K_1=\frac{15\pi}{32}\tan\left(\frac{\chi_1}{2}\right),\quad K_2=\frac{15\pi}{32}\tan\left(\frac{\chi_2}{2}\right) \tag{2-9}$$

其中，χ_1 和 χ_2 分别是下、上旋翼尾迹倾角，表达式为

$$\chi_1=\arctan\left(\frac{\mu_1}{-\lambda_1}\right),\quad \chi_2=\arctan\left(\frac{\mu_2}{-\lambda_2}\right) \tag{2-10}$$

其中，μ_1、λ_1、μ_2、λ_2分别是下、上旋翼的前进比和一阶谐波入流比的常数项。

由于$\psi_2 = 2\pi - \psi_1$，式(2-8)可化为

$$v_{i1} = v_1 + \delta_1 v_2 + (K_1 v_1 + K_2 \delta_1 v_2)\frac{r_m}{R}\cos\psi_1 \tag{2-11}$$

同理可得，上旋翼入流模型为

$$v_{i2} = v_2 + \delta_2 v_1 + (K_2 v_2 + K_1 \delta_2 v_1)\frac{r_m}{R}\cos\psi_2 \tag{2-12}$$

其中，δ_2为下旋翼对上旋翼的气动干扰因子，取值范围为$0 \leqslant \delta_2 < 1$。

当机体做无角速度和角加速度的平动飞行时，在无风条件下，下旋翼前进比和入流比的表达式为

$$\mu_1 = \frac{\sqrt{u_b^2 + v_b^2}}{\Omega_{\text{mr}} R} = \sqrt{\mu_u^2 + \mu_v^2} \tag{2-13}$$

$$\lambda_1 = \frac{w_b + (v_1 + \delta_1 v_2)}{\Omega_{\text{mr}} R} \tag{2-14}$$

其中，$\mu_u = u_b / \Omega_{\text{mr}} R$，$\mu_v = v_b / \Omega_{\text{mr}} R$，$\Omega_{\text{mr}}$为旋翼转速。

同理，对于上旋翼，有

$$\mu_2 = \frac{\sqrt{u_b^2 + v_b^2}}{\Omega_{\text{mr}} R} = \mu_1 \tag{2-15}$$

$$\lambda_2 = \frac{w_b + (v_2 + \delta_2 v_1)}{\Omega_{\text{mr}} R} \tag{2-16}$$

下、上旋翼固有平均诱导速度与拉力的关系可以根据动量理论得到，表达式为

$$T_{\text{low}} = 2\rho_{\text{air}}\pi R^2 v_1 \sqrt{u_b^2 + v_b^2 + (w_b + v_1 + \delta_1 v_2)^2} \tag{2-17}$$

$$T_{\text{up}} = 2\rho_{\text{air}}\pi R^2 v_2 \sqrt{u_b^2 + v_b^2 + (w_b + v_2 + \delta_2 v_1)^2} \tag{2-18}$$

其中，ρ_{air}为空气密度。

2. 共轴旋翼的挥舞模型

忽略挥舞铰外伸量，挥舞角满足如下方程[133]

$$I_b \ddot{\beta}_1 + I_b \Omega_{\text{mr}}^2 \beta_1 = M_{\text{T}} - g M_{\text{S}} \tag{2-19}$$

其中，$\beta_1 = \beta_{10} - \beta_{1c}\cos\psi_1 - \beta_{1s}\sin\psi_1$，$\beta_1$为挥舞角，$\beta_{10}$为锥度角，$\beta_{1c}$为后倒角，$\beta_{1s}$为右倒角；$M_{\text{T}}$为桨叶拉力绕挥舞铰的力矩；$M_{\text{S}}$为桨叶对挥舞铰的质量静矩；

I_b 是桨叶对挥舞铰的惯性矩。满足

$$M_{\mathrm{S}}=\int_0^R m_{\mathrm{ye}} r_m \mathrm{d}r_m=\frac{1}{2}m_{\mathrm{ye}}R^2\text{，}\quad I_b=\int_0^R m_{\mathrm{ye}} r_m^2 \mathrm{d}r_m=\frac{1}{2}m_{\mathrm{ye}}R^3 \tag{2-20}$$

其中，m_{ye} 是桨叶单位长度的质量。将式(2-20)代入式(2-19)并简化可得

$$\begin{gathered}\begin{bmatrix}\ddot{\beta}_{10}\\ \ddot{\beta}_{1c}\\ \ddot{\beta}_{1s}\end{bmatrix}+\Omega_{\mathrm{mr}}\begin{bmatrix}\dfrac{\gamma_b}{8} & 0 & -\dfrac{\gamma_b\mu_1}{12}\\ 0 & \dfrac{\gamma_b}{8} & 2\\ -\dfrac{\gamma_b\mu_1}{6} & -2 & \dfrac{\gamma_b}{8}\end{bmatrix}\begin{bmatrix}\dot{\beta}_{10}\\ \dot{\beta}_{1c}\\ \dot{\beta}_{1s}\end{bmatrix}+\Omega_{\mathrm{mr}}^2\begin{bmatrix}1+\dfrac{K_\beta}{I_b\Omega_{\mathrm{mr}}^2} & 0 & 0\\ -\dfrac{\gamma_b\mu_1}{6} & \dfrac{K_\beta}{I_b\Omega_{\mathrm{mr}}^2} & \dfrac{\gamma_b}{8}\\ 0 & -\dfrac{\gamma_b}{8} & \dfrac{K_\beta}{I_b\Omega_{\mathrm{mr}}^2}\end{bmatrix}\begin{bmatrix}\beta_{10}\\ \beta_{1c}\\ \beta_{1s}\end{bmatrix}\\ =\Omega_{\mathrm{mr}}^2\begin{bmatrix}\dfrac{\gamma_b}{8}\theta_1+\dfrac{\gamma_b\mu_1}{12\Omega_{\mathrm{mr}}}p+\dfrac{\gamma_b}{8}\lambda_1+\dfrac{K_\beta}{I_b}g\\ \dfrac{\gamma_b}{8}A_1-\dfrac{2}{\Omega_{\mathrm{mr}}}p-\dfrac{\gamma_b}{8\Omega_{\mathrm{mr}}}q+\dfrac{\gamma_b(K_1\upsilon_1+K_2\delta_1\upsilon_2)}{8\Omega_{\mathrm{mr}}R}\\ -\dfrac{\gamma_b\mu_1}{3}\theta_1+\dfrac{\gamma_b}{8}B_1-\dfrac{\gamma_b}{8\Omega_{\mathrm{mr}}}p+\dfrac{2}{\Omega_{\mathrm{mr}}}q-\dfrac{\gamma_b\mu_1}{4}\lambda_1\end{bmatrix}\end{gathered} \tag{2-21}$$

忽略二阶导数，令 $\dot{\beta}_{10}=0$，上式可以简化为

$$\begin{gathered}\frac{1}{\Omega_{\mathrm{mr}}}\begin{bmatrix}\dfrac{\gamma_b}{8} & 2-\dfrac{(\gamma_b\mu_1)^2}{72}K_0\\ -2 & \dfrac{\gamma_b}{8}\end{bmatrix}\begin{bmatrix}\dot{\beta}_{1c}\\ \dot{\beta}_{1s}\end{bmatrix}+\begin{bmatrix}\dfrac{K_\beta}{I_b\Omega_{\mathrm{mr}}^2} & \dfrac{\gamma_b}{8}\\ -\dfrac{\gamma_b}{8} & \dfrac{K_\beta}{I_b\Omega_{\mathrm{mr}}^2}\end{bmatrix}\begin{bmatrix}\beta_{1c}\\ \beta_{1s}\end{bmatrix}=\begin{bmatrix}\dfrac{\gamma_b}{8} & 0\\ 0 & \dfrac{\gamma_b}{8}\end{bmatrix}\begin{bmatrix}A_1\\ B_1\end{bmatrix}-\\ \begin{bmatrix}\dfrac{2p}{\Omega_{\mathrm{mr}}}+\dfrac{\gamma_b q}{8\Omega_{\mathrm{mr}}}-\dfrac{\gamma_b(K_1\upsilon_1+K_2\delta_1\upsilon_2)}{8\Omega_{\mathrm{mr}}R}-\dfrac{\gamma_b\mu_1}{6}K_0\left(\dfrac{\gamma_b}{8}\theta_1+\dfrac{\gamma_b\mu_1 p}{12\Omega_{\mathrm{mr}}}+\dfrac{\gamma_b}{8}\lambda_1+\dfrac{K_\beta}{I_b}g\right)\\ \dfrac{\gamma_b\mu_1}{3}\theta_1+\dfrac{\gamma_b}{8\Omega_{\mathrm{mr}}}p-\dfrac{2}{\Omega_{\mathrm{mr}}}q+\dfrac{\gamma_b\mu_1}{4}\lambda_1\end{bmatrix}\end{gathered} \tag{2-22}$$

其中，$\gamma_b=\dfrac{\rho_{\mathrm{air}}a_\infty cR^4}{I_b}$，$K_0=\dfrac{I_b\Omega_{\mathrm{mr}}^2}{I_b\Omega_{\mathrm{mr}}^2+K_\beta}$，$\theta_1$ 为下旋翼总距角。

同理，上旋翼挥舞方程为

$$\frac{1}{\Omega_{\mathrm{mr}}}\begin{bmatrix}\dfrac{\gamma_b}{8} & 2-\dfrac{(\gamma_b\mu_2)^2}{72}K_0\\ -2 & \dfrac{\gamma_b}{8}\end{bmatrix}\begin{bmatrix}\dot{\beta}_{2c}\\ \dot{\beta}_{2s}\end{bmatrix}+\begin{bmatrix}\dfrac{K_\beta}{I_b\Omega_{\mathrm{mr}}^2} & \dfrac{\gamma_b}{8}\\ -\dfrac{\gamma_b}{8} & \dfrac{K_\beta}{I_b\Omega_{\mathrm{mr}}^2}\end{bmatrix}\begin{bmatrix}\beta_{2c}\\ \beta_{2s}\end{bmatrix}=\begin{bmatrix}-\dfrac{\gamma_b}{8} & 0\\ 0 & \dfrac{\gamma_b}{8}\end{bmatrix}\begin{bmatrix}A_1\\ B_1\end{bmatrix}-$$

$$\left[\begin{array}{c}\dfrac{2}{\Omega_{\mathrm{mr}}}p+\dfrac{\gamma_b}{8\Omega_{\mathrm{mr}}}q-\dfrac{\gamma_b(K_2\upsilon_2+K_1\delta_2\upsilon_1)}{8\Omega_{\mathrm{mr}}R}-\dfrac{\gamma_b\mu_2}{6}K_0\left(\dfrac{\gamma_b}{8}\theta_2+\dfrac{\gamma_b\mu_2}{12\Omega_{\mathrm{mr}}}p+\dfrac{\gamma_b}{8}\lambda_2+\dfrac{K_\beta}{I_b}g\right)\\ \dfrac{\gamma_b\mu_2}{3}\theta_2+\dfrac{\gamma_b}{8\Omega_{\mathrm{mr}}}p-\dfrac{2}{\Omega_{\mathrm{mr}}}q+\dfrac{\gamma_b\mu_2}{4}\lambda_2\end{array}\right] \tag{2-23}$$

其中，θ_2 为上旋翼总距角，A_1 为纵向周期变距角，B_1 为横向周期变距角。

3. 共轴旋翼的气动模型

本节采用叶素理论分析共轴旋翼的气动力和气动力矩。以下旋翼为例进行分析，考虑单片桨叶，将桨叶看做由径向无限短的片段组成，每个片段称为叶素。计算叶素受到的气动力和力矩，然后通过沿径向的积分得到整片桨叶的气动力和力矩，进而得到一副旋翼的气动力和力矩。图 2-1 是一片桨叶某个剖面所处的气流环境，该图的视角为沿着桨叶径向往桨毂中心望去。

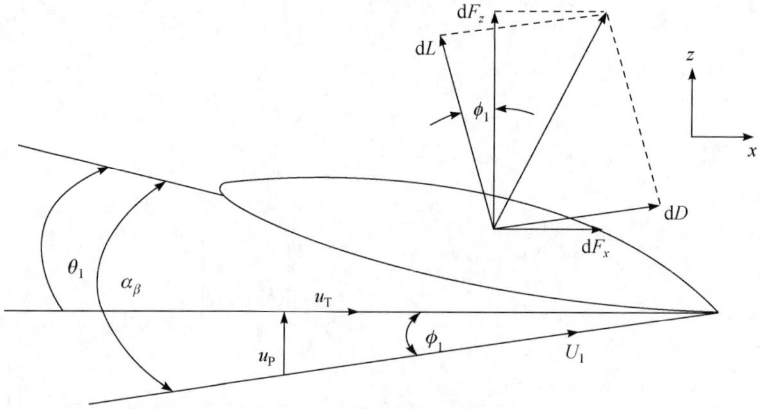

图 2-1　桨叶剖面气流环境

叶素在旋转平面内的切向速度为

$$u_{\mathrm{T}}=\Omega_{\mathrm{mr}}r_m+\mu_1\Omega_{\mathrm{mr}}R\sin\psi_1 \tag{2-24}$$

叶素垂向速度为

$$u_{\mathrm{P}}=\upsilon_{i1}+r_m\dot{\beta}_1-\lambda_0\Omega_{\mathrm{mr}}R+\mu_1\Omega_{\mathrm{mr}}R\beta_1\cos\psi_1 \tag{2-25}$$

作用在叶素上的升力和阻力为

$$\begin{cases}\mathrm{d}L=\dfrac{1}{2}\rho_{\mathrm{air}}U_1^2ca_\infty\alpha_\beta\mathrm{d}r_m\\ \mathrm{d}D=\dfrac{1}{2}\rho_{\mathrm{air}}U_1^2cC_D\mathrm{d}r_m\end{cases} \tag{2-26}$$

其中，a_∞ 为升力线斜率，c 为桨叶弦长，C_D 为翼型阻力系数，α_β 为叶素迎角。

$$\begin{cases} U_1 = \sqrt{u_\mathrm{T}^2 + u_\mathrm{P}^2} \approx u_\mathrm{T} \\ \alpha_\beta = \theta_1 + \phi_1 = \theta_1 + \arctan(u_\mathrm{P}/u_\mathrm{T}) \approx \theta_1 + u_\mathrm{P}/u_\mathrm{T} \end{cases} \tag{2-27}$$

桨叶坐标系下空气动力分量为

$$\begin{cases} \mathrm{d}F_{1z} = \mathrm{d}L\cos\phi_1 - \mathrm{d}D\sin\phi_1 \approx \mathrm{d}L \\ \mathrm{d}F_{1x} = \mathrm{d}L\sin\phi_1 + \mathrm{d}D\cos\phi_1 \approx \phi_1\mathrm{d}L + \mathrm{d}D \end{cases} \tag{2-28}$$

叶素的拉力和扭矩为

$$\begin{cases} \mathrm{d}T_\mathrm{low} = \mathrm{d}F_{1z} \approx \dfrac{1}{2}\rho_\mathrm{air} c a_\infty (\theta_1 u_\mathrm{T}^2 - u_\mathrm{P} u_\mathrm{T})\mathrm{d}r_m \\ \mathrm{d}Q_1 = \mathrm{d}F_{1x} \cdot r_m \approx \dfrac{1}{2}\rho_\mathrm{air} c a_\infty (\theta_1 u_\mathrm{P} u_\mathrm{T} - u_\mathrm{P}^2 + \dfrac{C_D}{a_\infty} u_\mathrm{T}^2) r_m \mathrm{d}r_m \end{cases} \tag{2-29}$$

假设下旋翼桨叶片数为 N_1，则桨盘实度为

$$\sigma_1 = N_1 \frac{cR}{\pi R^2} = N_1 \frac{c}{\pi R} \tag{2-30}$$

下旋翼的升力和扭矩为

$$\begin{cases} T_\mathrm{low} = \dfrac{N_1}{2\pi}\displaystyle\int_0^{2\pi}\int_0^R \mathrm{d}T_\mathrm{low}\mathrm{d}\psi_1 \\ Q_1 = \dfrac{N_1}{2\pi}\displaystyle\int_0^{2\pi}\int_0^R \mathrm{d}Q_1\mathrm{d}\psi_1 \end{cases} \tag{2-31}$$

上旋翼的气动建模过程与下旋翼类似，需要注意的是上旋翼与下旋翼旋转方向相反，某些相同的运动参数需要在左、右手定则坐标系中进行转换。因此，上旋翼拉力和扭矩可以表示为

$$\begin{cases} T_\mathrm{up} = \dfrac{N_2}{2\pi}\displaystyle\int_0^{2\pi}\int_0^R \mathrm{d}T_\mathrm{up}\mathrm{d}\psi_2 \\ Q_2 = \dfrac{N_2}{2\pi}\displaystyle\int_0^{2\pi}\int_0^R \mathrm{d}Q_2\mathrm{d}\psi_2 \end{cases} \tag{2-32}$$

根据式(2-17)与式(2-31)，由动量理论和叶素理论计算出的下旋翼拉力应该相等。同理，式(2-18)与式(2-32)的 T_up 也相等。由于上、下旋翼存在气动干扰，因此需要利用 4 个式子相互迭代可以得到拉力的准确值。

以上得到了旋翼的拉力和扭矩，需要将其转换到机体坐标系中，得到操纵飞行器运动的气动合力和力矩。旋翼拉力垂直于旋转平面向上，考虑到挥舞角的影响，且实际旋翼挥舞角很小，有如下近似表达式：$\sin\beta_{1c} \approx \beta_{1c}$，$\cos\beta_{1c} \approx 1$，$\sin\beta_{1s} \approx \beta_{1s}$，$\cos\beta_{1s} \approx 1$；$\sin\beta_{2c} \approx \beta_{2c}$，$\cos\beta_{2c} \approx 1$，$\sin\beta_{2s} \approx \beta_{2s}$，$\cos\beta_{2s} \approx 1$。

旋翼拉力沿机体坐标系 3 个轴向的分量分别为

$$\begin{cases} F_{1x} = -T_{\text{low}} \sin \beta_{1c} \approx -T_{\text{low}} \beta_{1c} \\ F_{1y} = T_{\text{low}} \sin \beta_{1s} \approx T_{\text{low}} \beta_{1s} \\ F_{1z} = -T_{\text{low}} \cos \beta_{1c} \cos \beta_{1s} \approx -T_{\text{low}} \end{cases} \tag{2-33}$$

$$\begin{cases} F_{2x} = -T_{\text{up}} \sin \beta_{2c} \approx -T_{\text{up}} \beta_{2c} \\ F_{2y} = T_{\text{up}} \sin \beta_{2s} \approx T_{\text{up}} \beta_{2s} \\ F_{2z} = -T_{\text{up}} \cos \beta_{2c} \cos \beta_{2s} \approx -T_{\text{up}} \end{cases} \tag{2-34}$$

其中，F_{1x} 和 F_{1z} 表达式中“–”表示力的方向与定义的轴向的正方向相反。

考虑到旋翼反扭矩和桨毂的挥舞刚度，共轴旋翼气动力矩在机体坐标系中的分量为

$$\begin{cases} L_{\text{mr}} = \tau_{1x} + \tau_{2x} \approx (T_{\text{low}} h_1 + k_{1\beta}) \beta_{1s} + (T_{\text{up}} h_2 + k_{2\beta}) \beta_{2s} \\ M_{\text{mr}} = \tau_{1y} + \tau_{2y} \approx (T_{\text{low}} h_1 + k_{1\beta}) \beta_{1c} + (T_{\text{up}} h_2 + k_{2\beta}) \beta_{2c} \\ N_{\text{mr}} = \tau_{1z} + \tau_{2z} \approx Q_1 - Q_2 \end{cases} \tag{2-35}$$

其中，L_{mr}、M_{mr} 和 N_{mr} 分别为主旋翼滚转力矩、俯仰力矩和偏航力矩，为上旋翼的力矩分量；τ_{1x}、τ_{1y} 和 τ_{1z} 为下旋翼的力矩分量；τ_{2x}、τ_{2y} 和 τ_{2z} 为上旋翼的力矩分量。

2.3.2　机身气动力和气动力矩

考虑到气流和主旋翼下洗流的影响，小型共轴无人直升机的机身会产生气动阻力，该阻力沿机体坐标系三轴的表达式为

$$X_{\text{fus}} = \begin{cases} -\dfrac{\rho_{\text{air}}}{2} S_{\text{fx}} u_b v_{i,\text{nr}}, & |u_b| \leqslant v_{i,\text{mr}} \\ -\dfrac{\rho_{\text{air}}}{2} S_{\text{fx}} u_b |u_b|, & |u_b| > v_{i,\text{mr}} \end{cases} \tag{2-36}$$

$$Y_{\text{fus}} = \begin{cases} -\dfrac{\rho_{\text{air}}}{2} S_{\text{fy}} v_b v_{i,\text{mr}}, & |v_b| \leqslant v_{i,\text{mr}} \\ -\dfrac{\rho_{\text{air}}}{2} S_{\text{fy}} v_b |v_b|, & |v_b| > v_{i,\text{mr}} \end{cases} \tag{2-37}$$

$$Z_{\text{fus}} = -\frac{\rho_{\text{air}}}{2} S_{\text{fz}} (w_b - v_{i,\text{mr}}) |w_b - v_{i,\text{mr}}| \tag{2-38}$$

由于小型共轴无人直升机机身拥有良好的对称性，机身产生的气动力矩很小，建模时可以忽略。

2.3.3　平尾气动力和气动力矩

平尾的作用主要是在飞行过程中产生垂向力，增加俯仰运动的稳定性。平尾提供的气动力主要沿垂直方向，表达式如下

$$Z_{\mathrm{hf}}=\begin{cases}-\dfrac{\rho_{\mathrm{air}}}{2}C_{\mathrm{l\alpha,hf}}S_{\mathrm{hf}}w_{\mathrm{hf}}\left|u_b\right|, & \left|\dfrac{w_{\mathrm{hf}}}{u_b}\right|\leqslant\tan\alpha_{\mathrm{st}}\\ -\dfrac{\rho_{\mathrm{air}}}{2}S_{\mathrm{hf}}w_{\mathrm{hf}}\left|w_{\mathrm{hf}}\right|, & \left|\dfrac{w_{\mathrm{hf}}}{u_b}\right|>\tan\alpha_{\mathrm{st}}\end{cases}\tag{2-39}$$

其中，$C_{\mathrm{l\alpha,hf}}$ 是平尾的升力曲线斜率，S_{hf} 是平尾的面积，α_{st} 是临界攻角，w_{hf} 是垂向空速，表达式为

$$w_{\mathrm{hf}}=w_{\mathrm{b}}+qD_{\mathrm{hf}}-v_{i,\mathrm{mr}}\tag{2-40}$$

其中，D_{hf} 是平尾与直升机重心的纵向距离。

由平尾产生的气动力生成的力矩主要是俯仰力矩，表达式为

$$M_{\mathrm{hf}}=-Z_{\mathrm{hf}}D_{\mathrm{hf}}\tag{2-41}$$

2.3.4　垂尾气动力和气动力矩

垂尾的作用主要是在飞行过程中产生横向力，增加偏航运动的稳定性。垂尾提供的横向气动力的表达式如下

$$Y_{\mathrm{vf}}=\begin{cases}-\dfrac{\rho_{\mathrm{air}}}{2}C_{\mathrm{l\alpha,vf}}S_{\mathrm{vf}}v_{\mathrm{vf}}\left|u_b\right|, & \left|\dfrac{v_{\mathrm{vf}}}{u_b}\right|\leqslant\tan\alpha_{\mathrm{st}}\\ -\dfrac{\rho_{\mathrm{air}}}{2}S_{\mathrm{vf}}v_{\mathrm{vf}}\left|v_{\mathrm{vf}}\right|, & \left|\dfrac{v_{\mathrm{vf}}}{u_b}\right|>\tan\alpha_{\mathrm{st}}\end{cases}\tag{2-42}$$

其中，$C_{\mathrm{l\alpha,vf}}$ 是垂尾的升力曲线斜率，S_{vf} 是垂尾的面积，α_{st} 是临界攻角，v_{vf} 是横向空速，表达式为

$$v_{\mathrm{vf}}=v_b-rD_{\mathrm{vf}}\tag{2-43}$$

其中，D_{vf} 是垂尾与直升机重心的纵向距离。

由垂尾产生的气动力生成的力矩主要是偏航力矩，另外提供了一部分滚转力矩，垂尾产生的力矩的表达式为

$$\begin{cases}L_{\mathrm{vf}}=Y_{\mathrm{vf}}H_{\mathrm{vf}}\\ N_{\mathrm{vf}}=-Y_{\mathrm{vf}}D_{\mathrm{vf}}\end{cases}\tag{2-44}$$

其中，H_{vf} 是垂尾与直升机重心的垂向距离。

2.4 小型共轴无人直升机数学模型

本节由前面的建模得到小型共轴无人直升机的非线性模型。然后，对非线性模型线性化，得到特定工作点附近的线性模型，为后续线性和非线性控制器设计奠定基础。

2.4.1 非线性模型

将力和力矩代入动力学方程(2-5)和式(2-7)，可得

$$\begin{cases} \dot{u}_b = v_b r - w_b q - g\sin\theta + (X_{\mathrm{mr}} + X_{\mathrm{fus}})/m \\ \dot{v}_b = w_b p - u_b r + g\sin\phi\cos\theta + (Y_{\mathrm{mr}} + Y_{\mathrm{fus}} + Y_{\mathrm{vf}})/m \\ \dot{w}_b = u_b q - v_b p + g\cos\phi\cos\theta + (Z_{\mathrm{mr}} + Z_{\mathrm{fus}} + Z_{\mathrm{hf}})/m \end{cases} \tag{2-45}$$

$$\begin{aligned} J_x\dot{p} &= qr(J_y - J_z) + (L_{\mathrm{mr}} + L_{\mathrm{lf}}) \\ J_y\dot{q} &= pr(J_z - J_x) + (M_{\mathrm{mr}} + L_{\mathrm{lf}}) \\ J_z\dot{v} &= pq(J_x - J_y) + (Q_{\mathrm{mr}} + N_{\mathrm{vf}}) \end{aligned} \tag{2-46}$$

由前两小节建立的模型，考虑实际的操纵模式，通常选取垂向和航向操纵量为

$$\begin{cases} \theta_{\mathrm{col}} = \dfrac{1}{2}(\theta_1 + \theta_2) \\ \theta_{\mathrm{dif}} = \dfrac{1}{2}(\theta_1 - \theta_2) \end{cases} \tag{2-47}$$

结合运动学方程，小型共轴无人直升机完整的非线性数学模型可以用如下形式表示

$$\dot{\boldsymbol{x}} = \boldsymbol{f}(\boldsymbol{x},\boldsymbol{u}) \tag{2-48}$$

其中，$\boldsymbol{x} = [u_b, v_b, w_b, p, q, r, \phi, \theta, \psi, \beta_{\mathrm{ls}}, \beta_{\mathrm{lc}}, \beta_{2s}, \beta_{2c}]^{\mathrm{T}}$ 是系统状态变量，$\boldsymbol{u} = [\theta_{\mathrm{col}}, \theta_{\mathrm{dif}}, \theta_{\mathrm{lon}}, \theta_{\mathrm{lat}}]^{\mathrm{T}}$ 是控制变量，$\boldsymbol{f}(\boldsymbol{x},\boldsymbol{u})$ 是与 $\boldsymbol{x}$ 和 $\boldsymbol{u}$ 有关的复杂的非线性向量函数。

2.4.2 线性模型

为了便于线性控制器设计，采用单旋翼直升机常用的小扰动理论，在特定工作点附近对非线性模型线性化。由于挥舞角不可测，线性化过程中视为稳态。通常选择悬停和水平匀速飞行状态进行配平，此时平衡点角速率为 0，可得如下线性化模型

$$\begin{cases}\Delta\dot{u}=-w_0\Delta q+v_0\Delta r-g\cos\theta_0\Delta\theta+(X_x\Delta x+X_u\Delta u)/m\\ \Delta\dot{v}=v_0\Delta p-u_0\Delta r+g\cos\phi_0\cos\theta_0\Delta\phi-g\sin\phi_0\sin\theta_0\Delta\theta+(Y_x\Delta x+Y_u\Delta u)/m\\ \Delta\dot{w}=-v_0\Delta p+u_0\Delta q-g\sin\phi_0\cos\theta_0\Delta\phi-g\cos\phi_0\sin\theta_0\Delta\theta+(Z_x\Delta x+X_u\Delta u)/m\end{cases}\tag{2-49}$$

$$\begin{cases}J_x\Delta\dot{p}=r_0(J_y-J_z)\Delta q+q_0(J_y-J_z)\Delta r+L_x\Delta x+L_u\Delta u\\ J_y\Delta\dot{q}=r_0(J_z-J_x)\Delta p+p_0(J_z-J_x)\Delta r+M_x\Delta x+M_u\Delta u\\ J_z\Delta\dot{r}=q_0(J_x-J_y)\Delta p+p_0(J_x-J_y)\Delta q+N_x\Delta x+N_u\Delta u\end{cases}\tag{2-50}$$

$$\begin{cases}\Delta\dot{\phi}=\Delta p+\sin\phi_0\tan\theta_0\Delta q+\cos\phi_0\tan\theta_0\Delta v\\ \Delta\dot{\theta}=\cos\phi_0\Delta q-\sin\phi_0\Delta r\\ \Delta\dot{\psi}=\dfrac{\sin\phi_0}{\cos\theta_0}\Delta q+\dfrac{\cos\phi_0}{\cos\theta_0}\Delta r\end{cases}\tag{2-51}$$

考虑小型共轴无人直升机的特点，内环角运动相对于比外环位置而言变化较快；横纵向存在一定耦合；高度和航向由于均受上、下旋翼总距的控制，存在较大耦合。平衡状态姿态角较小，因此，线性化模型在中低速(悬停视为速度为 0 的特殊低速状态)水平飞行时，可以简化为

$$\begin{cases}\Delta\dot{u}_b=X_u\Delta u_b+X_v\Delta v_b-g\Delta\theta\\ \Delta\dot{v}_b=Y_u\Delta u_b+Y_v\Delta v_b+g\Delta\phi\\ \Delta\dot{w}_b=Z_w\Delta w_b+Z_r\Delta r+Z_{\mathrm{col}}\Delta\theta_{\mathrm{col}}+Z_{\mathrm{dif}}\Delta\theta_{\mathrm{dif}}\end{cases}\tag{2-52}$$

$$\begin{aligned}&J_x\Delta\dot{p}=L_u\Delta u_b+L_v\Delta v_b+L_p\Delta p+L_q\Delta q+L_{\mathrm{lat}}\Delta\theta_{\mathrm{lat}}+L_{\mathrm{lon}}\Delta\theta_{\mathrm{lon}}\\ &J_y\Delta\dot{q}=M_u\Delta u_b+M_v\Delta v_b+M_p\Delta p+M_q\Delta q+M_{\mathrm{lat}}\Delta\theta_{\mathrm{lat}}+M_{\mathrm{lon}}\Delta\theta_{\mathrm{lon}}\\ &J_z\Delta\dot{r}=N_w\Delta w_b+N_r\Delta r+N_{\mathrm{col}}\Delta\theta_{\mathrm{col}}+N_{\mathrm{dif}}\Delta\theta_{\mathrm{dif}}\end{aligned}\tag{2-53}$$

$$\begin{cases}\Delta\dot{\phi}=\Delta p\\ \Delta\dot{\theta}=\Delta q\\ \Delta\dot{\psi}=\Delta r\end{cases}\tag{2-54}$$

因此，小型共轴无人直升机小扰动线性化方程可以表示为如下矩阵形式

$$\Delta\dot{\boldsymbol{x}}=\boldsymbol{A}\Delta\boldsymbol{x}+\boldsymbol{B}\Delta\boldsymbol{u}\tag{2-55}$$

其中，$\Delta\boldsymbol{x}=\boldsymbol{x}-\boldsymbol{x}_{\mathrm{trim}}$，$\Delta\boldsymbol{u}=\boldsymbol{u}-\boldsymbol{u}_{\mathrm{trim}}$；$\boldsymbol{A}$ 和 $\boldsymbol{B}$ 分别为系统状态矩阵和控制矩阵。

2.5　本 章 小 结

本章主要建立了 SCUH 数学模型。基于牛顿-欧拉方程得到 SCUH 的动力学和运动学模型。采用结构分析法，建立了 SCUH 各个部件的力和力矩模型。重点对共轴主旋翼进行了分析,考虑上旋翼和下旋翼的相互干扰以及旋翼的挥舞效应，建立了共轴主旋翼的气动载荷模型。通过合理简化 SCUH 所受合力和力矩，建立了全状态非线性数学模型，并将非线性模型在平衡点处线性化，为后续控制器设计奠定模型基础。

第 3 章　基于鲁棒 H_∞ 控制的 SCUH 水平飞行控制

3.1　引　　言

自主飞行控制是小型共轴无人直升机(SCUH)执行各项任务的基础。SCUH 具有悬停、平飞、垂直起降以及机动飞行等多种状态，其中，稳定的水平飞行对于侦察等任务至关重要。目前，小型无人直升机采用的控制方法主要包括线性控制和非线性控制两大类。其中，线性控制器由于其结构简单、实时性好、参数调节相对容易等优点，具有无法替代的地位，在实际工程中得到了广泛的应用[134,135]。然而，小型共轴无人直升机是复杂的非线性系统，完整的非线性模型无法直接应用于线性控制器设计。为了解决这一问题，通常的做法是将非线性模型在特定平衡点附近线性化，然后基于线性化模型设计线性控制器。

目前，主要的线性控制器设计方法有 PID 控制[136]、LQR 方法[137]以及 H_∞ 控制方法[138,139]。经典的 PID 控制最为常用，在工程实践中应用广泛，但该方法主要针对单输入单输出系统，无法处理多输入多输出系统不同通道之间的耦合。LQR 方法可以处理多输入多输出系统，但该方法对模型精度要求较高，对干扰的鲁棒性较差。H_∞ 控制作为一种鲁棒控制方法，对模型不确定性具有一定的鲁棒性，而且能够有效抑制外界干扰，相比于 PID 控制和 LQR 方法，更加适用于 SCUH 控制器的设计。Kim 等[69]采用 H_∞ 方法设计了姿态控制器。Gadewadikar 等[70]用回路成形 H_∞ 方法构造控制器。Pradana 等[71]将无人直升机全状态反馈 PID 控制器转换为积分反步形式，采用 H_∞ 方法得到反馈阵。文献[72]考虑结构不确定性，针对悬停状态设计了鲁棒 H_∞ 控制方法，获得了较好的性能。文献[73]为了提高小型无人直升机的抗风扰能力，运用 H_∞ 静态输出反馈控制方法设计了悬停状态下的双闭环结构控制器。

上述设计的 H_∞ 控制方法都只着眼于悬停工作点附近，而小型共轴无人直升机具有悬停、前飞、侧飞等多种水平飞行状态，不同状态下线性模型参数有较大差异，基于悬停模型设计的控制器不再适用。为了解决多个状态的控制问题，基于增益调度方法和 LPV(Linear Parameter Varying)控制技术[117]的控制方法被用于小型无人直升机的控制器设计。文献[118]采用增益调度 H_∞ 方法设计了飞行控制律，获得了较大范围的鲁棒稳定性。文献[119]设计了局部 H_∞

最优 LPV 速度控制器，提高了闭环系统的鲁棒性。但是以上两种方法都先要对各个状态下的线性系统独立设计控制器，选择的状态较多时工作量较大。

基于以上分析，本章针对小型共轴无人直升机不同水平速度飞行控制问题，基于 H_∞ 控制方法设计了一个独立的鲁棒控制器。首先，基于小扰动方法得到 SCUH 在不同水平飞行状态的线性模型。其次，将不同状态下的多个线性模型用一个带有不确定性的摄动模型统一表示，确定部分等效为标称系统模型，不确定部分用来描述不同状态对应的线性系统与标称系统的偏差。然后，结合 SCUH 的模型特点，将高阶的不确定线性模型分解成水平速度子模块、高度-航向子模块和滚转-俯仰子模块 3 个耦合较小的子模块，对 3 个子模块分别设计了 H_∞ 控制器，分析了闭环系统的稳定性。最后，通过与传统 H_∞ 控制方法的对比仿真，验证了设计的控制律能够保证 SCUH 不同水平飞行状态下的稳定性，对模型不确定具有较好的鲁棒性，对干扰有一定的抑制能力。

3.2 共轴直升机不确定线性模型

基于小扰动理论，得到小型共轴无人直升机不同水平平衡状态下的线性化模型。选择状态变量 $\boldsymbol{x}(t)=[u_b,v_b,w_b,p,q,r,\phi,\theta,\psi]^{\mathrm{T}}$，控制向量 $\boldsymbol{u}(t)=[\theta_{\mathrm{col}},\theta_{\mathrm{dif}},\theta_{\mathrm{lon}},\theta_{\mathrm{lat}}]^{\mathrm{T}}$。某一状态下，SCUH 的线性模型为

$$\dot{\boldsymbol{x}}_i(t)=\boldsymbol{A}_i\boldsymbol{x}_i(t)+\boldsymbol{B}_i\boldsymbol{u}_i(t),\quad i=1,2,\cdots,k \tag{3-1}$$

其中，i 表示某一状态，k 为选择的平衡状态的数量，$\boldsymbol{A}_i$ 和 $\boldsymbol{B}_i$ 分别为状态矩阵和控制矩阵。

如果针对每一个前进比对应的线性化模型分别设计控制器，必然会增加控制系统的复杂性，而且不同飞行状态时控制器之间的切换可能会影响系统的稳定性和飞行的平稳性。因此，将不同前进比对应的线性化模型用一个统一的摄动模型来描述，基于摄动模型设计控制器。借鉴区间矩阵[140,141]的思想，可以将不同平衡状态对应的线性化模型的状态矩阵和控制矩阵用某一标称参数加上参数不确定形式来表达，此时，不确定摄动模型有如下形式

$$\dot{\boldsymbol{x}}(t)=(\boldsymbol{A}_0+\Delta\boldsymbol{A})\boldsymbol{x}(t)+(\boldsymbol{B}_0+\Delta\boldsymbol{B})\boldsymbol{u}(t) \tag{3-2}$$

其中，$\boldsymbol{A}_0$ 和 $\boldsymbol{B}_0$ 分别为标称模型的状态矩阵和控制矩阵；$\Delta\boldsymbol{A}$ 和 $\Delta\boldsymbol{B}$ 描述了模型的不确定部分，满足范数有界条件，即

$$\begin{cases}\Delta\boldsymbol{A}=\boldsymbol{D}_A\boldsymbol{F}_A(t)\boldsymbol{E}_A\\ \Delta\boldsymbol{B}=\boldsymbol{D}_B\boldsymbol{F}_B(t)\boldsymbol{E}_B\end{cases} \tag{3-3}$$

其中，$\boldsymbol{D}_A$、$\boldsymbol{E}_A$、$\boldsymbol{D}_B$ 和 $\boldsymbol{E}_B$ 为已知矩阵，$\boldsymbol{F}_A(t)$ 和 $\boldsymbol{F}_B(t)$ 分别满足 $\boldsymbol{F}_A^{\mathrm{T}}(t)\boldsymbol{F}_A(t)\leqslant\boldsymbol{I}$

和 $\boldsymbol{F}_B^{\mathrm{T}}(t)\boldsymbol{F}_B(t)\leqslant \boldsymbol{I}$。

选取标称系统参数为多个平衡状态对应线性模型参数的平均值，即

$$\begin{cases}\boldsymbol{A}_0=\dfrac{1}{k}\displaystyle\sum_{i=1}^{k}\boldsymbol{A}_i\\ \boldsymbol{B}_0=\dfrac{1}{k}\displaystyle\sum_{i=1}^{k}\boldsymbol{B}_i\end{cases}\tag{3-4}$$

对于式(3-2)不确定摄动模型描述的 SCUH 广义模型，只需设计一个鲁棒控制器即可实现对多个平衡状态的控制，避免了设计多个控制器以及控制器之间的切换，便于工程应用。

3.3　控制器设计

3.3.1　问题描述

3.2 节中建立的不确定线性模型有 9 个状态变量、4 个控制变量，基于此高阶模型设计控制器必然使得控制器结构过于复杂。因此，本节将高阶的线性模型分解为若干低阶子模型，从而降低设计的控制器的阶数。考虑 SCUH 不同通道之间的耦合强弱，将 SCUH 分为水平速度通道、垂航向通道和滚转-俯仰通道。由于 SCUH 是典型的欠驱动系统，无法利用实际输入量实现 3 个通道的同时独立控制。借鉴内-外环双环控制策略，水平速度通道采用虚拟量控制，垂航向通道采用总距和差动变距为输入量，滚转-俯仰通道采用横向周期变距和纵向周期变距作为输入量。根据系统方程式(3-2)和式(3-3)，考虑干扰，可得到 3 个子模块的不确定线性模型。

(1) 水平速度通道。

根据第 2 章线性化模型，选择横向和纵向水平速度作为状态量，滚转角和俯仰角作为虚拟输入量，得到水平速度子模块的不确定线性模型为

$$\dot{\boldsymbol{x}}_1(t)=(\bar{\boldsymbol{A}}_1+\Delta\boldsymbol{A}_1)\boldsymbol{x}_1(t)+(\bar{\boldsymbol{B}}_1+\Delta\boldsymbol{B}_1)\boldsymbol{u}_1(t)+\boldsymbol{g}_1(t)\tag{3-5}$$

$$\begin{cases}\Delta\boldsymbol{A}_1=\boldsymbol{D}_{A1}\boldsymbol{F}_{A1}(t)\boldsymbol{E}_{A1}\\ \Delta\boldsymbol{B}_1=\boldsymbol{D}_{B1}\boldsymbol{F}_{B1}(t)\boldsymbol{E}_{B1}\end{cases}\tag{3-6}$$

其中，状态量 $\boldsymbol{x}_1=[u_b,v_b]^{\mathrm{T}}$；$\boldsymbol{u}_1$ 为虚拟控制量，取为 $\boldsymbol{u}_1=[\theta,\phi]^{\mathrm{T}}$，$\boldsymbol{u}_1$ 可以作为滚转角和姿态角的参考指令 ϕ_r 和 θ_r；$\boldsymbol{g}_1$ 为有界扰动。

(2) 垂航向通道。

选择垂向速度和航向角速率为状态量，总距和差动变距作为输入量，垂

航向通道不确定线性模型为

$$\dot{\boldsymbol{x}}_2(t)=(\bar{\boldsymbol{A}}_2+\Delta\boldsymbol{A}_2)\boldsymbol{x}_2(t)+(\bar{\boldsymbol{B}}_2+\Delta\boldsymbol{B}_2)\boldsymbol{u}_2(t)+\boldsymbol{g}_2(t) \tag{3-7}$$

$$\begin{cases}\Delta\boldsymbol{A}_2=\boldsymbol{D}_{A2}\boldsymbol{F}_{A2}(t)\boldsymbol{E}_{A2}\\ \Delta\boldsymbol{B}_2=\boldsymbol{D}_{B2}\boldsymbol{F}_{B2}(t)\boldsymbol{E}_{B2}\end{cases} \tag{3-8}$$

其中，状态量 $\boldsymbol{x}_2=[w_b,r]^{\mathrm{T}}$；$\boldsymbol{u}_2=[\theta_{\mathrm{col}},\theta_{\mathrm{dif}}]^{\mathrm{T}}$ 为控制量，θ_{col} 和 θ_{dif} 分别为总距和差动变距角；$\boldsymbol{g}_2$ 为有界误差。

(3) 滚转-俯仰通道。

小型共轴无人直升机的滚转运动和俯仰运动由横向和纵向周期变距控制，变距操纵使得旋翼产生挥舞运动。挥舞运动是一个复杂的动态快变化过程，运动模型难以精确描述，大部分现有文献把挥舞运动视为准稳态。实际上旋翼的挥舞运动是存在时间常数的动态过程，当飞行状态改变时，横纵向控制输入驱动舵机带动倾斜盘经历一个时间常数使挥舞运动趋于新的稳态，进而使直升机到达新的状态，这一过程可以视为一个输入时滞[142,143]。若忽略输入时滞，设计的控制器在特定情况下会严重影响系统的性能，甚至导致系统不稳定。

现有成果通常将系统输入时滞作为扰动的一部分进行处理[144]，这样无法分析扰动的作用并加以充分利用。考虑到舵机作为实际的执行机构存在时间常数，结合挥舞运动对滚转和俯仰的影响，在滚转-俯仰子系统中引入等效输入时滞。选择滚转和俯仰角速率作为状态量，横向和纵向周期变距作为输入量，得到的不确定线性模型为

$$\dot{\boldsymbol{x}}_3(t)=(\bar{\boldsymbol{A}}_3+\Delta\boldsymbol{A}_3)\boldsymbol{x}_3(t)+(\bar{\boldsymbol{B}}_3+\Delta\boldsymbol{B}_3)\boldsymbol{u}_3(t-d(t))+\boldsymbol{g}_3(t) \tag{3-9}$$

$$\begin{cases}\Delta\boldsymbol{A}_3=\boldsymbol{D}_{A3}\boldsymbol{F}_{A3}(t)\boldsymbol{E}_{A3}\\ \Delta\boldsymbol{B}_3=\boldsymbol{D}_{B3}\boldsymbol{F}_{B3}(t)\boldsymbol{E}_{B3}\end{cases} \tag{3-10}$$

其中，状态量 $\boldsymbol{x}_3=[p,q]^{\mathrm{T}}$；$\boldsymbol{u}_3=[\theta_{\mathrm{lon}},\theta_{\mathrm{lat}}]^{\mathrm{T}}$ 为周期变距输入量，θ_{lon} 和 θ_{lat} 分别为纵向周期变距角和横向周期变距角；$\boldsymbol{g}_3$ 为有界扰动；$d(t)$ 为输入时滞。

3.3.2 控制器设计

本小节研究目的是针对 3 个子模块分别设计鲁棒 H_∞ 控制器，使得系统稳定，且对有界干扰具有一定的抑制能力，即 $\|z_i(t)\|_2/\|\boldsymbol{g}_i(t)\|_2\leqslant\gamma_i$，$z_i(t)$ 为控制性能评价信号，γ_i 为干扰抑制指标，$i=1,2,3$，$\|\bullet\|_2$ 表示向量的 2-范数。

1. 水平速度通道

定义速度跟踪误差为

$$\boldsymbol{e}_1(t)=\boldsymbol{x}_1-\boldsymbol{x}_{1r}=[u_b-u_r,v_b-v_r] \tag{3-11}$$

其中，$\boldsymbol{x}_{1r}=\left[u_r,v_r\right]^{\mathrm{T}}$ 为速度的参考值，$\boldsymbol{e}_1$ 为速度跟踪误差。

对 $\boldsymbol{e}_1$ 求一阶导数，由式(3-5)可得

$$\begin{aligned}\dot{\boldsymbol{e}}_1(t)&=\dot{\boldsymbol{x}}_1-\dot{\boldsymbol{x}}_{1r}=(\overline{\boldsymbol{A}}_1+\Delta\boldsymbol{A}_1)\boldsymbol{x}_1(t)+(\overline{\boldsymbol{B}}_1+\Delta\boldsymbol{B}_1)\boldsymbol{u}_1(t)+\boldsymbol{g}_1(t)-\dot{\boldsymbol{x}}_{1r}\\&=(\overline{\boldsymbol{A}}_1+\Delta\boldsymbol{A}_1)\boldsymbol{e}_1(t)+(\overline{\boldsymbol{B}}_1+\Delta\boldsymbol{B}_1)\boldsymbol{u}_1(t)+\overline{\boldsymbol{A}}_1\boldsymbol{x}_{1r}-\dot{\boldsymbol{x}}_{1r}+\boldsymbol{g}_1(t)+\Delta\boldsymbol{A}_1\boldsymbol{x}_{1r}\end{aligned} \tag{3-12}$$

设计控制器 $\boldsymbol{u}_1(t)$ 包含两部分，一部分是关于误差的跟踪反馈，另一部分用于补偿与参考信号有关的部分，即

$$\boldsymbol{u}_1(t)=\boldsymbol{K}_1\boldsymbol{e}_1(t)+\boldsymbol{u}_{1c}(t)=\boldsymbol{K}_1\boldsymbol{e}_1(t)-\overline{\boldsymbol{B}}_1^{-1}(\overline{\boldsymbol{A}}_1\boldsymbol{x}_{1r}-\dot{\boldsymbol{x}}_{1r}) \tag{3-13}$$

其中，$\boldsymbol{K}_1$ 为待设计控制器参数。

将 $\boldsymbol{u}_1(t)$ 和式(3-6)代入式(3-12)可得

$$\dot{\boldsymbol{e}}_1(t)=(\overline{\boldsymbol{A}}_1+\overline{\boldsymbol{B}}_1\boldsymbol{K}_1)\boldsymbol{e}_1(t)+\boldsymbol{D}_{A1}\boldsymbol{f}_{11}+\boldsymbol{D}_{B1}\boldsymbol{f}_{12}+\left[\boldsymbol{I},\boldsymbol{D}_{A1},\boldsymbol{D}_{B1}\right]\boldsymbol{g}_V(t) \tag{3-14}$$

其中，$\boldsymbol{g}_V(t)=[\boldsymbol{g}_1^{\mathrm{T}}(t),\boldsymbol{g}_{12}^{\mathrm{T}}(t),\boldsymbol{g}_{13}^{\mathrm{T}}(t)]^{\mathrm{T}}$ 是等效有界扰动信号，$\boldsymbol{g}_{12}(t)=\boldsymbol{F}_{A1}(t)\boldsymbol{E}_{A1}\boldsymbol{x}_{1r}$，$\boldsymbol{g}_{13}(t)=\boldsymbol{F}_{B1}(t)\boldsymbol{E}_{B1}\boldsymbol{u}_{1c}(t)$；$\boldsymbol{f}_{11}=\boldsymbol{F}_{A1}(t)\boldsymbol{E}_{A1}\boldsymbol{e}_1(t)$，$\boldsymbol{f}_{12}=\boldsymbol{F}_{B1}(t)\boldsymbol{E}_{B1}\boldsymbol{K}_1\boldsymbol{e}_1(t)$，满足

$$\begin{cases}\boldsymbol{f}_{11}^{\mathrm{T}}\boldsymbol{f}_{11}=\boldsymbol{e}_1^{\mathrm{T}}(t)\boldsymbol{E}_{A1}^{\mathrm{T}}\boldsymbol{F}_{A1}^{\mathrm{T}}(t)\boldsymbol{F}_{A1}(t)\boldsymbol{E}_{A1}\boldsymbol{e}_1(t)\leqslant\boldsymbol{e}_1^{\mathrm{T}}(t)\boldsymbol{E}_{A1}^{\mathrm{T}}\boldsymbol{E}_{A1}\boldsymbol{e}_1(t)\\\boldsymbol{f}_{12}^{\mathrm{T}}\boldsymbol{f}_{12}=\boldsymbol{e}_1^{\mathrm{T}}(t)(\boldsymbol{E}_{B1}\boldsymbol{K}_1)^{\mathrm{T}}\boldsymbol{F}_{B1}^{\mathrm{T}}(t)\boldsymbol{F}_{B1}(t)\boldsymbol{E}_{B1}\boldsymbol{K}_1\boldsymbol{e}_1(t)\leqslant\boldsymbol{e}_1^{\mathrm{T}}(t)(\boldsymbol{E}_{B1}\boldsymbol{K}_1)^{\mathrm{T}}(\boldsymbol{E}_{B1}\boldsymbol{K}_1)\boldsymbol{e}_1(t)\end{cases} \tag{3-15}$$

2. 垂航向通道

采用与水平速度通道类似的方法，设计控制器为

$$\boldsymbol{u}_2(t)=\boldsymbol{K}_2\boldsymbol{e}_2(t)+\boldsymbol{u}_{2c}(t)=\boldsymbol{K}_2\boldsymbol{e}_2(t)-\overline{\boldsymbol{B}}_2^{-1}(\overline{\boldsymbol{A}}_2\boldsymbol{x}_{2\mathrm{r}}-\dot{\boldsymbol{x}}_{2\mathrm{r}}) \tag{3-16}$$

其中，$\boldsymbol{K}_2$ 为待设计控制器参数。

得到高度-航向模块的误差动态方程为

$$\dot{\boldsymbol{e}}_2(t)=(\overline{\boldsymbol{A}}_2+\overline{\boldsymbol{B}}_2\boldsymbol{K}_2)\boldsymbol{e}_2(t)+\boldsymbol{D}_{A2}\boldsymbol{f}_{21}+\boldsymbol{D}_{B2}\boldsymbol{f}_{22}+\left[\boldsymbol{I},\boldsymbol{D}_{A2},\boldsymbol{D}_{B2}\right]\boldsymbol{g}_{\mathrm{H}}(t) \tag{3-17}$$

其中，$\boldsymbol{g}_H(t)$ 为等效有界扰动；$\boldsymbol{f}_{21}=\boldsymbol{F}_{A2}(t)\boldsymbol{E}_{A2}\boldsymbol{e}_2(t)$，$\boldsymbol{f}_{22}=\boldsymbol{F}_{B2}(t)\boldsymbol{E}_{B2}\boldsymbol{K}_2\boldsymbol{e}_2(t)$，满足

$$\begin{cases}\boldsymbol{f}_{21}^{\mathrm{T}}\boldsymbol{f}_{21}\leqslant\boldsymbol{e}_2^{\mathrm{T}}(t)\boldsymbol{E}_{A2}^{\mathrm{T}}\boldsymbol{E}_{A2}\boldsymbol{e}_2(t)\\\boldsymbol{f}_{22}^{\mathrm{T}}\boldsymbol{f}_{22}\leqslant\boldsymbol{e}_2^{\mathrm{T}}(t)(\boldsymbol{E}_{B2}\boldsymbol{K}_2)^{\mathrm{T}}(\boldsymbol{E}_{B2}\boldsymbol{K}_2)\boldsymbol{e}_2(t)\end{cases} \tag{3-18}$$

3. 滚转-俯仰通道

定义跟踪误差为

$$\boldsymbol{e}_3(t)=\boldsymbol{x}_3-\boldsymbol{x}_{3r} \tag{3-19}$$

其中，$\boldsymbol{x}_{3r}=[p_r,q_r]^{\mathrm{T}}$，$p_r$ 和 q_r 分别为滚转角速率和俯仰角速率的参考值，$\boldsymbol{e}_3$ 为角速率跟踪误差。

对 $\boldsymbol{e}_3$ 求一阶导数，由式(3-9)可得

$$\begin{aligned}\dot{\boldsymbol{e}}_3(t)&=\dot{\boldsymbol{x}}_3-\dot{\boldsymbol{x}}_{3r}=(\bar{\boldsymbol{A}}_3+\Delta\boldsymbol{A}_3)\boldsymbol{x}_3(t)+(\bar{\boldsymbol{B}}_3+\Delta\boldsymbol{B}_3)\boldsymbol{u}_3(t-d(t))+\boldsymbol{g}_3(t)-\dot{\boldsymbol{x}}_{3r}\\&=(\bar{\boldsymbol{A}}_3+\Delta\boldsymbol{A}_3)\boldsymbol{e}_3(t)+(\bar{\boldsymbol{B}}_3+\Delta\boldsymbol{B}_3)\boldsymbol{u}_3(t-d(t))+\bar{\boldsymbol{A}}_3\boldsymbol{x}_{3r}-\dot{\boldsymbol{x}}_{3r}+\boldsymbol{g}_3(t)+\Delta\boldsymbol{A}_3\boldsymbol{x}_{3r}\end{aligned} \tag{3-20}$$

设计控制器 $\boldsymbol{u}_3(t)$ 包含两部分，一部分用于抑制误差，另一部分用于补偿与参考信号有关的部分，即

$$\boldsymbol{u}_3(t)=\boldsymbol{K}_3\boldsymbol{e}_3(t)+\boldsymbol{u}_{3c}(t)=\boldsymbol{K}_3\boldsymbol{e}_3(t)-\bar{\boldsymbol{B}}_3^{-1}(\bar{\boldsymbol{A}}_3\boldsymbol{x}_{3r}-\dot{\boldsymbol{x}}_{3r}) \tag{3-21}$$

其中，$\boldsymbol{K}_3$ 为待设计控制器参数。

将 $\boldsymbol{u}_3(t)$ 和式(3-10)代入式(3-20)得

$$\begin{aligned}\dot{\boldsymbol{e}}_3(t)&=\dot{\boldsymbol{x}}_3-\dot{\boldsymbol{x}}_{3r}=(\bar{\boldsymbol{A}}_3+\Delta\boldsymbol{A}_3)\boldsymbol{x}_3(t)+(\bar{\boldsymbol{B}}_3+\Delta\boldsymbol{B}_3)\boldsymbol{u}_3(t-d(t))+\boldsymbol{g}_3(t)-\dot{\boldsymbol{x}}_{3r}\\&=(\bar{\boldsymbol{A}}_3+\Delta\boldsymbol{A}_3)\boldsymbol{e}_3(t)+(\bar{\boldsymbol{B}}_3+\Delta\boldsymbol{B}_3)\boldsymbol{u}_3(t-d(t))+\bar{\boldsymbol{A}}_3\boldsymbol{x}_{3r}-\dot{\boldsymbol{x}}_{3r}+\boldsymbol{g}_3(t)+\Delta\boldsymbol{A}_3\boldsymbol{x}_{3r}\\&=\bar{\boldsymbol{A}}_3\boldsymbol{e}_3(t)+\bar{\boldsymbol{B}}_3\boldsymbol{K}_3\boldsymbol{e}_3(t-d(t))+\boldsymbol{D}_{A3}\boldsymbol{f}_{31}+\boldsymbol{D}_{B3}\boldsymbol{f}_{32}+\left[\boldsymbol{I},\boldsymbol{D}_{A3},\boldsymbol{D}_{B3}\right]\boldsymbol{g}_{\Theta}(t)\\&\quad+\bar{\boldsymbol{A}}_3(\boldsymbol{x}_{3r}-\boldsymbol{x}_{3r}(t-d(t)))-(\dot{\boldsymbol{x}}_{3r}-\dot{\boldsymbol{x}}_{3r}(t-d(t)))\end{aligned} \tag{3-22}$$

其中，$\boldsymbol{g}_{\Theta}(t)=[\boldsymbol{g}_3^{\mathrm{T}}(t),\boldsymbol{g}_{32}^{\mathrm{T}}(t),\boldsymbol{g}_{33}^{\mathrm{T}}(t)]^{\mathrm{T}}$ 是等效有界扰动信号，$\boldsymbol{g}_{32}(t)=\boldsymbol{F}_{A3}(t)\boldsymbol{E}_{A3}\boldsymbol{x}_{3r}$，$\boldsymbol{g}_{33}(t)=\boldsymbol{F}_{B3}(t)\boldsymbol{E}_{B3}\boldsymbol{u}_{3c}(t-d(t))$；$\boldsymbol{f}_{31}=\boldsymbol{F}_{A3}(t)\boldsymbol{E}_{A3}\boldsymbol{e}_3(t)$，$\boldsymbol{f}_{32}=\boldsymbol{F}_{B3}(t)\boldsymbol{E}_{B3}\boldsymbol{K}_3\boldsymbol{e}_3(t-d(t))$，满足

$$\begin{cases}\boldsymbol{f}_{31}^{\mathrm{T}}\boldsymbol{f}_{31}=\boldsymbol{e}_3^{\mathrm{T}}(t)\boldsymbol{E}_{A3}^{\mathrm{T}}\boldsymbol{F}_{A3}^{\mathrm{T}}(t)\boldsymbol{F}_{A3}(t)\boldsymbol{E}_{A3}\boldsymbol{e}_3(t)\leqslant\boldsymbol{e}_3^{\mathrm{T}}(t)\boldsymbol{E}_{A3}^{\mathrm{T}}\boldsymbol{E}_{A3}\boldsymbol{e}_3(t)\\\boldsymbol{f}_{32}^{\mathrm{T}}\boldsymbol{f}_{32}=\boldsymbol{e}_3^{\mathrm{T}}(t)(\boldsymbol{E}_{B3}\boldsymbol{K}_3)^{\mathrm{T}}\boldsymbol{F}_{B3}^{\mathrm{T}}(t)\boldsymbol{F}_{B3}(t)\boldsymbol{E}_{B3}\boldsymbol{K}_3\boldsymbol{e}_3(t)\leqslant\boldsymbol{e}_3^{\mathrm{T}}(t)(\boldsymbol{E}_{B3}\boldsymbol{K}_3)^{\mathrm{T}}(\boldsymbol{E}_{B3}\boldsymbol{K}_3)\boldsymbol{e}_3(t)\end{cases} \tag{3-23}$$

由于输入时滞很小，当参考信号 $\boldsymbol{x}_{3r}$ 变化较慢时，有

$$\begin{cases}\boldsymbol{x}_{3r}(t)\approx\boldsymbol{x}_{3r}(t-d(t))\\\dot{\boldsymbol{x}}_{3r}(t)\approx\dot{\boldsymbol{x}}_{3r}(t-d(t))\end{cases} \tag{3-24}$$

误差模型式(3-22)可化为

$$\dot{\boldsymbol{e}}_3(t)=\bar{\boldsymbol{A}}_3\boldsymbol{e}_3(t)+\bar{\boldsymbol{B}}_3\boldsymbol{K}_3\boldsymbol{e}_3(t-d(t))+\boldsymbol{D}_{A3}\boldsymbol{f}_{31}+\boldsymbol{D}_{B3}\boldsymbol{f}_{32}+\left[\boldsymbol{I},\boldsymbol{D}_{A3},\boldsymbol{D}_{B3}\right]\boldsymbol{g}_{\omega}(t) \tag{3-25}$$

其中，$\boldsymbol{g}_{\omega}(t)=[\boldsymbol{g}_{31}^{\mathrm{T}}(t),\boldsymbol{g}_{32}^{\mathrm{T}}(t),\boldsymbol{g}_{33}^{\mathrm{T}}(t)]^{\mathrm{T}}$ 是等效有界扰动信号，$\boldsymbol{g}_{31}(t)=\boldsymbol{g}_3(t)+\bar{\boldsymbol{A}}_3(\boldsymbol{x}_{3r}-\boldsymbol{x}_{3r}(d-d(t)))-(\dot{\boldsymbol{x}}_{3r}-\dot{\boldsymbol{x}}_{3r}(d-d(t)))$。

3.4　稳定性分析

本节采用 Lyapunov 稳定性定理，分析各个通道误差动态模型的稳定性条件，并通过稳定性条件的求解得到控制器增益矩阵。

由式(3-14)、式(3-17)和式(3-25)可知，速度误差模型与垂航向误差模型具有相同的形式，都是带有模型摄动的线性系统，因此可以采用相同的方法分析稳定性；滚转-俯仰误差模型是带有非线性扰动的时滞系统，可以利用时滞系统稳定性分析方法进行分析。

(1) 水平速度通道稳定性分析。

由式(3-14)可得，速度误差模型具有如下形式

$$\dot{\boldsymbol{x}}(t)=(\boldsymbol{A}+\boldsymbol{BK})\boldsymbol{x}(t)+\boldsymbol{D}_A\boldsymbol{f}_1(t)+\boldsymbol{D}_B\boldsymbol{f}_2(t)+\boldsymbol{B}_g\boldsymbol{g}(t) \tag{3-26}$$

其中，$\dot{\boldsymbol{x}}(t)$ 为系统状态；$\boldsymbol{A}$、$\boldsymbol{B}$、$\boldsymbol{D}_A$、$\boldsymbol{D}_B$、$\boldsymbol{B}_g$ 为已知的适当维数的矩阵；$\boldsymbol{g}(t)$ 为有界扰动；$\boldsymbol{K}$ 为待设计的控制器参数；$\boldsymbol{f}_1$ 和 $\boldsymbol{f}_2$ 为非线性模型摄动，满足

$$\begin{cases}\boldsymbol{f}_1^{\mathrm{T}}(t)\boldsymbol{f}_1(t)\leqslant \boldsymbol{x}^{\mathrm{T}}(t)\boldsymbol{E}_1^{\mathrm{T}}\boldsymbol{E}_1\boldsymbol{x}(t)\\ \boldsymbol{f}_2^{\mathrm{T}}(t)\boldsymbol{f}_2(t)\leqslant \boldsymbol{x}^{\mathrm{T}}(t)\left(\boldsymbol{E}_2\boldsymbol{K}\right)^{\mathrm{T}}\boldsymbol{E}_2\boldsymbol{K}\boldsymbol{x}(t)\end{cases} \tag{3-27}$$

其中，$\boldsymbol{E}_1$ 和 $\boldsymbol{E}_2$ 为已知确定矩阵。

垂航向通道也符合式(3-26)的形式，因此水平速度通道稳定性分析过程也适用于垂航向，省略垂航向稳定性分析过程。

选择评价信号：$\boldsymbol{z}(t)=\boldsymbol{C}\boldsymbol{x}(t)$，$\boldsymbol{C}$ 为已知确定矩阵，有如下结论成立。

定理 3-1　对于系统(3-26)，若存在正定对称矩阵 $\boldsymbol{Q}>0$，适当维数的矩阵 $\boldsymbol{Y}$ 以及非负常数 $\rho_1\geqslant 0$ 和 $\rho_2\geqslant 0$，使得式(3-28)的不等式成立，则系统是渐近稳定的，且满足 $\|\boldsymbol{z}(t)\|_2/\|\boldsymbol{g}(t)\|_2\leqslant\gamma$。

$$\begin{bmatrix}\boldsymbol{AQ}^{\mathrm{T}}+\boldsymbol{BY}+\boldsymbol{QA}^{\mathrm{T}}+\boldsymbol{Y}^{\mathrm{T}}\boldsymbol{B}^{\mathrm{T}} & \rho_1\boldsymbol{D}_A & \rho_2\boldsymbol{D}_B & \boldsymbol{B}_g & \boldsymbol{QE}_1^{\mathrm{T}} & \boldsymbol{Y}^{\mathrm{T}}\boldsymbol{E}_2^{\mathrm{T}} & \boldsymbol{QC}^{\mathrm{T}}\\ * & -\rho_1\boldsymbol{I} & 0 & 0 & 0 & 0 & 0\\ * & * & -\rho_2\boldsymbol{I} & 0 & 0 & 0 & 0\\ * & * & * & -\gamma^2\boldsymbol{I} & 0 & 0 & 0\\ * & * & * & * & -\rho_1\boldsymbol{I} & 0 & 0\\ * & * & * & * & * & -\rho_2\boldsymbol{I} & 0\\ * & * & * & * & * & * & -\boldsymbol{I}\end{bmatrix}<0 \tag{3-28}$$

证明：选取如下 Lyapunov 函数

$$V_1(t)=\boldsymbol{x}^{\mathrm{T}}(t)\boldsymbol{Q}^{-1}\boldsymbol{x}(t) \tag{3-29}$$

当 $\boldsymbol{g}(t)=0$ 时，将 $V_1(t)$ 沿着系统(3-26)对 t 求导可得

$$\begin{aligned}\dot{V}_1(t)&=2\boldsymbol{x}^{\mathrm{T}}(t)\boldsymbol{Q}^{-1}\dot{\boldsymbol{x}}(t)\\&=2\boldsymbol{x}^{\mathrm{T}}(t)\boldsymbol{Q}^{-1}(\bar{\boldsymbol{A}}\boldsymbol{x}(t)+\boldsymbol{D}_A\boldsymbol{f}_1(t)+\boldsymbol{D}_B\boldsymbol{f}_2(t))\\&=\boldsymbol{x}^{\mathrm{T}}(t)(\boldsymbol{Q}^{-1}\bar{\boldsymbol{A}}+\bar{\boldsymbol{A}}^{\mathrm{T}}\boldsymbol{Q}^{-\mathrm{T}})\boldsymbol{x}(t)+2\boldsymbol{x}^{\mathrm{T}}(t)\boldsymbol{Q}^{-1}(\boldsymbol{D}_A\boldsymbol{f}_1(t)+\boldsymbol{D}_B\boldsymbol{f}_2(t))\end{aligned}\tag{3-30}$$

其中，$\bar{\boldsymbol{A}}=\boldsymbol{A}+\boldsymbol{B}\boldsymbol{K}$。

由式(3-27)可得，对 $\varepsilon_1\geqslant 0$ 和 $\varepsilon_2\geqslant 0$，有

$$\begin{cases}0\leqslant\varepsilon_1\left[\boldsymbol{x}^{\mathrm{T}}(t)\boldsymbol{E}_1^{\mathrm{T}}\boldsymbol{E}_1\boldsymbol{x}(t)-\boldsymbol{f}_1^{\mathrm{T}}(t)\boldsymbol{f}_1(t)\right]\\0\leqslant\varepsilon_2\left[\boldsymbol{x}^{\mathrm{T}}(t)\boldsymbol{K}^{\mathrm{T}}\boldsymbol{E}_2^{\mathrm{T}}\boldsymbol{E}_2\boldsymbol{K}\boldsymbol{x}(t)-\boldsymbol{f}_2^{\mathrm{T}}(t)\boldsymbol{f}_2(t)\right]\end{cases}\tag{3-31}$$

由上两式可得

$$\begin{aligned}\dot{V}_1(t)\leqslant{}&\boldsymbol{x}^{\mathrm{T}}(t)(\boldsymbol{Q}^{-1}\bar{\boldsymbol{A}}+\bar{\boldsymbol{A}}^{\mathrm{T}}\boldsymbol{Q}^{-\mathrm{T}})\boldsymbol{x}(t)+2\boldsymbol{x}^{\mathrm{T}}(t)\boldsymbol{Q}^{-1}(\boldsymbol{D}_A\boldsymbol{f}_1(t)+\boldsymbol{D}_B\boldsymbol{f}_2(t))+\\&\varepsilon_1\left[\boldsymbol{x}^{\mathrm{T}}(t)\boldsymbol{E}_1^{\mathrm{T}}\boldsymbol{E}_1\boldsymbol{x}(t)-\boldsymbol{f}_1^{\mathrm{T}}(t)\boldsymbol{f}_1(t)\right]+\varepsilon_2\left[\boldsymbol{x}^{\mathrm{T}}(t)\boldsymbol{K}^{\mathrm{T}}\boldsymbol{E}_2^{\mathrm{T}}\boldsymbol{E}_2\boldsymbol{K}\boldsymbol{x}(t)-\boldsymbol{f}_2^{\mathrm{T}}(t)\boldsymbol{f}_2(t)\right]\\={}&\begin{bmatrix}\boldsymbol{x}(t)\\\boldsymbol{f}_1(t)\\\boldsymbol{f}_2(t)\end{bmatrix}^{\mathrm{T}}\begin{bmatrix}\boldsymbol{Z}_{11}&\boldsymbol{Q}^{-1}\boldsymbol{D}_A&\boldsymbol{Q}^{-1}\boldsymbol{D}_B\\ *&-\varepsilon_1\boldsymbol{I}&0\\ *&*&-\varepsilon_2\boldsymbol{I}\end{bmatrix}\begin{bmatrix}\boldsymbol{x}(t)\\\boldsymbol{f}_1(t)\\\boldsymbol{f}_2(t)\end{bmatrix}\end{aligned}\tag{3-32}$$

其中，$\boldsymbol{Z}_{11}=\boldsymbol{Q}^{-1}\bar{\boldsymbol{A}}+\bar{\boldsymbol{A}}^{\mathrm{T}}\boldsymbol{Q}^{-\mathrm{T}}+\varepsilon_1\boldsymbol{E}_1^{\mathrm{T}}\boldsymbol{E}_1+\varepsilon_2\boldsymbol{K}^{\mathrm{T}}\boldsymbol{E}_2^{\mathrm{T}}\boldsymbol{E}_2\boldsymbol{K}$。

当式(3-33)成立时，$\dot{V}_1(t)<0$，系统渐进稳定。

$$\begin{bmatrix}\boldsymbol{Z}_{11}&\boldsymbol{Q}^{-1}\boldsymbol{D}_A&\boldsymbol{Q}^{-1}\boldsymbol{D}_B\\ *&-\varepsilon_1\boldsymbol{I}&0\\ *&*&-\varepsilon_2\boldsymbol{I}\end{bmatrix}<0\tag{3-33}$$

式(3-33)中，$\boldsymbol{Z}_{11}$ 包含非线性项，不便于求解。为了将其转化成便于求解的线性矩阵不等式(Linear Matrix Inequality，LMI)，对式(3-33)左侧分别左乘 $\mathrm{diag}(\boldsymbol{Q},\varepsilon_1^{-1}\boldsymbol{I},\varepsilon_2^{-1}\boldsymbol{I})$ 和右乘 $\mathrm{diag}(\boldsymbol{Q}^{\mathrm{T}},\varepsilon_1^{-1}\boldsymbol{I},\varepsilon_2^{-1}\boldsymbol{I})$ 可得

$$\begin{bmatrix}\hat{\boldsymbol{Z}}_{11}&\varepsilon_1^{-1}\boldsymbol{D}_A&\varepsilon_2^{-1}\boldsymbol{D}_B\\ *&-\varepsilon_1^{-1}\boldsymbol{I}&0\\ *&*&-\varepsilon_2^{-1}\boldsymbol{I}\end{bmatrix}<0\tag{3-34}$$

其中，$\begin{cases}\hat{\boldsymbol{Z}}_{11}=\boldsymbol{A}\boldsymbol{Q}^{\mathrm{T}}+\boldsymbol{B}\boldsymbol{Y}+\boldsymbol{Q}\boldsymbol{A}^{\mathrm{T}}+\boldsymbol{Y}^{\mathrm{T}}\boldsymbol{B}^{\mathrm{T}}+\varepsilon_1\boldsymbol{Q}\boldsymbol{E}_1^{\mathrm{T}}\boldsymbol{E}_1\boldsymbol{Q}^{\mathrm{T}}+\varepsilon_2\boldsymbol{Y}^{\mathrm{T}}\boldsymbol{E}_2^{\mathrm{T}}\boldsymbol{E}_2\boldsymbol{Y}\\\boldsymbol{Y}=\boldsymbol{K}\boldsymbol{Q}^{\mathrm{T}}\end{cases}$。

由 Schur 补引理，式(3-34)等价于

$$\begin{bmatrix} \boldsymbol{AQ}^{\mathrm{T}}+\boldsymbol{BY}+\boldsymbol{QA}^{\mathrm{T}}+\boldsymbol{Y}^{\mathrm{T}}\boldsymbol{B}^{\mathrm{T}} & \varepsilon_1^{-1}\boldsymbol{D}_A & \varepsilon_2^{-1}\boldsymbol{D}_B & \boldsymbol{QE}_1^{\mathrm{T}} & \boldsymbol{Y}^{\mathrm{T}}\boldsymbol{E}_2^{\mathrm{T}} \\ * & -\varepsilon_1^{-1}\boldsymbol{I} & 0 & 0 & 0 \\ * & * & -\varepsilon_2^{-1}\boldsymbol{I} & 0 & 0 \\ * & * & * & -\varepsilon_1^{-1}\boldsymbol{I} & 0 \\ * & * & * & * & -\varepsilon_2^{-1}\boldsymbol{I} \end{bmatrix} < 0 \tag{3-35}$$

式(3-35)是一个线性矩阵不等式，利用 MATLAB 可以很方便地求解出满足条件的 $\boldsymbol{Y}$ 、$\boldsymbol{Q}$ 和 ε_1 、ε_2，进而可以得到 $\boldsymbol{K}=\boldsymbol{YQ}^{-\mathrm{T}}$ 。

当存在扰动 $\boldsymbol{g}(t)$ 时，考虑性能指标

$$J=\int_0^\infty \left[\boldsymbol{z}^{\mathrm{T}}(t)\boldsymbol{z}(t)-\gamma^2\boldsymbol{g}^{\mathrm{T}}(t)\boldsymbol{g}(t)\right]\mathrm{d}t \tag{3-36}$$

初始条件为 0 时，有

$$\begin{aligned} J&=\int_0^\infty \left[\boldsymbol{z}^{\mathrm{T}}(t)\boldsymbol{z}(t)-\gamma^2\boldsymbol{g}^{\mathrm{T}}(t)\boldsymbol{g}(t)\right]\mathrm{d}t+\int_0^\infty \dot{V}_1(t)\mathrm{d}t-V_1(\infty) \\ &\leqslant \int_0^\infty \left[\boldsymbol{z}^{\mathrm{T}}(t)\boldsymbol{z}(t)-\gamma^2\boldsymbol{g}^{\mathrm{T}}(t)\boldsymbol{g}(t)+\dot{V}_1(t)\right]\mathrm{d}t \end{aligned} \tag{3-37}$$

其中

$$\dot{V}_1(t)\leqslant \begin{bmatrix} \boldsymbol{x}(t) \\ \boldsymbol{f}_1(t) \\ \boldsymbol{f}_2(t) \\ \boldsymbol{g}(t) \end{bmatrix}^{\mathrm{T}} \begin{bmatrix} \boldsymbol{Z}_{11} & \boldsymbol{Q}^{-1}\boldsymbol{D}_A & \boldsymbol{Q}^{-1}\boldsymbol{D}_B & \boldsymbol{Q}^{-1}\boldsymbol{B}_g \\ * & -\varepsilon_1\boldsymbol{I} & 0 & 0 \\ * & * & -\varepsilon_2\boldsymbol{I} & 0 \\ * & * & * & 0 \end{bmatrix} \begin{bmatrix} \boldsymbol{x}(t) \\ \boldsymbol{f}_1(t) \\ \boldsymbol{f}_2(t) \\ \boldsymbol{g}(t) \end{bmatrix} \tag{3-38}$$

令 $\boldsymbol{\zeta}(t)=\left[\boldsymbol{x}^{\mathrm{T}}(t),\boldsymbol{f}_1^{\mathrm{T}}(t),\boldsymbol{f}_2^{\mathrm{T}}(t),\boldsymbol{g}^{\mathrm{T}}(t)\right]^{\mathrm{T}}$ ，则

$$\boldsymbol{z}^{\mathrm{T}}(t)\boldsymbol{z}(t)-\gamma^2\boldsymbol{g}^{\mathrm{T}}(t)\boldsymbol{g}(t)+\dot{V}_1(t)\leqslant \boldsymbol{\zeta}^{\mathrm{T}}(t)\boldsymbol{\Gamma}\boldsymbol{\zeta}(t) \tag{3-39}$$

其中，$\boldsymbol{\Gamma}=\begin{bmatrix} \boldsymbol{\Xi}_{11} & \boldsymbol{Q}^{-1}\boldsymbol{D}_A & \boldsymbol{Q}^{-1}\boldsymbol{D}_B & \boldsymbol{Q}^{-1}\boldsymbol{B}_g \\ * & -\varepsilon_1\boldsymbol{I} & 0 & 0 \\ * & * & -\varepsilon_2\boldsymbol{I} & 0 \\ * & * & * & -\gamma^2\boldsymbol{I} \end{bmatrix}$，$\boldsymbol{\Xi}_{11}=\boldsymbol{Q}^{-1}\overline{\boldsymbol{A}}+\overline{\boldsymbol{A}}^{\mathrm{T}}\boldsymbol{Q}^{-\mathrm{T}}+\varepsilon_1\boldsymbol{E}_1^{\mathrm{T}}\boldsymbol{E}_1+\varepsilon_2\boldsymbol{K}^{\mathrm{T}}\boldsymbol{E}_2^{\mathrm{T}}$
$\times\boldsymbol{E}_2\boldsymbol{K}+\boldsymbol{C}^{\mathrm{T}}\boldsymbol{C}$ 。

当 $\boldsymbol{\Gamma}<0$ 时，$J<0$ ，所以 $\dfrac{\int_0^\infty \boldsymbol{z}^{\mathrm{T}}(t)\boldsymbol{z}(t)\mathrm{d}t}{\int_0^\infty \boldsymbol{g}^{\mathrm{T}}(t)\boldsymbol{g}(t)\mathrm{d}t}\leqslant\gamma^2$ ，即 $\dfrac{\|\boldsymbol{z}(t)\|_2}{\|\boldsymbol{g}(t)\|_2}\leqslant\gamma$ 。

对 $\boldsymbol{\Gamma}$ 分别左乘 $\mathrm{diag}(\boldsymbol{Q},\varepsilon_1^{-1}\boldsymbol{I},\varepsilon_2^{-1}\boldsymbol{I},\boldsymbol{I})$ 和右乘 $\mathrm{diag}(\boldsymbol{Q}^{\mathrm{T}},\varepsilon_1^{-1}\boldsymbol{I},\varepsilon_2^{-1}\boldsymbol{I},\boldsymbol{I})$ 可得，$\boldsymbol{\Gamma}<0$

等价于

$$\begin{bmatrix} \hat{\boldsymbol{\varXi}}_{11} & \varepsilon_1^{-1}\boldsymbol{D}_A & \varepsilon_2^{-1}\boldsymbol{D}_B & \boldsymbol{B}_g \\ * & -\varepsilon_1^{-1}\boldsymbol{I} & 0 & 0 \\ * & * & -\varepsilon_2^{-1}\boldsymbol{I} & 0 \\ * & * & * & -\gamma^2\boldsymbol{I} \end{bmatrix} < 0 \tag{3-40}$$

其中，$\begin{cases} \hat{\boldsymbol{\varXi}}_{11} = \boldsymbol{AQ}^{\mathrm{T}} + \boldsymbol{BY} + \boldsymbol{QA}^{\mathrm{T}} + \boldsymbol{Y}^{\mathrm{T}}\boldsymbol{B}^{\mathrm{T}} + \varepsilon_1\boldsymbol{QE}_1^{\mathrm{T}}\boldsymbol{E}_1\boldsymbol{Q}^{\mathrm{T}} + \varepsilon_2\boldsymbol{Y}^{\mathrm{T}}\boldsymbol{E}_2^{\mathrm{T}}\boldsymbol{E}_2\boldsymbol{Y} + \boldsymbol{QC}^{\mathrm{T}}\boldsymbol{CQ}^{\mathrm{T}} \\ \boldsymbol{Y} = \boldsymbol{KQ}^{\mathrm{T}} \end{cases}$。

由 Schur 补引理，式(3-40)等价于

$$\begin{bmatrix} \boldsymbol{AQ}^{\mathrm{T}} + \boldsymbol{BY} + \boldsymbol{QA}^{\mathrm{T}} + \boldsymbol{Y}^{\mathrm{T}}\boldsymbol{B}^{\mathrm{T}} & \varepsilon_1^{-1}\boldsymbol{D}_A & \varepsilon_2^{-1}\boldsymbol{D}_B & \boldsymbol{B}_g & \boldsymbol{QE}_1^{\mathrm{T}} & \boldsymbol{Y}^{\mathrm{T}}\boldsymbol{E}_2^{\mathrm{T}} & \boldsymbol{QC}^{\mathrm{T}} \\ * & -\varepsilon_1^{-1}\boldsymbol{I} & 0 & 0 & 0 & 0 & 0 \\ * & * & -\varepsilon_2^{-1}\boldsymbol{I} & 0 & 0 & 0 & 0 \\ * & * & * & -\gamma^2\boldsymbol{I} & 0 & 0 & 0 \\ * & * & * & * & -\varepsilon_1^{-1}\boldsymbol{I} & 0 & 0 \\ * & * & * & * & * & -\varepsilon_2^{-1}\boldsymbol{I} & 0 \\ * & * & * & * & * & * & -\boldsymbol{I} \end{bmatrix} < 0 \tag{3-41}$$

令 $\rho_1 = \varepsilon_1^{-1}$，$\rho_2 = \varepsilon_2^{-1}$，易得式(3-28)成立，所以系统稳定。证毕。

垂航向稳定性条件具有与式(3-41)类似的形式。

(2)滚转-俯仰通道稳定性分析。

考虑如下形式的系统方程

$$\begin{cases} \dot{\boldsymbol{x}}(t) = \boldsymbol{Ax}(t) + \boldsymbol{BKx}(t-d(t)) + \boldsymbol{D}_A\boldsymbol{f}_1(t) + \boldsymbol{D}_B\boldsymbol{f}_2(t) + \boldsymbol{B}_g\boldsymbol{g}(t) \\ \boldsymbol{x}(t) = \boldsymbol{\varphi}(t),\ t \in [-d_{\max}, 0] \end{cases} \tag{3-42}$$

其中，$\boldsymbol{x}(t)$ 为系统状态向量；$\boldsymbol{A}$ 和 $\boldsymbol{B}$ 为适当维数的已知矩阵；$\boldsymbol{g}(t)$ 为未知有界扰动；$\boldsymbol{K}$ 为待设计的控制器参数；$d(t)$ 为系统时滞，满足 $0 \leqslant d(t) \leqslant d_{\max}$ 且 $\dot{d}(t) \leqslant d_D$，$d_{\max}$ 和 d_D 为正常数；$\boldsymbol{f}_1(t)$ 和 $\boldsymbol{f}_2(t)$ 为模型摄动，满足

$$\begin{cases} \boldsymbol{f}_1^{\mathrm{T}}(t)\boldsymbol{f}_1(t) \leqslant \boldsymbol{x}^{\mathrm{T}}(t)\boldsymbol{E}_1^{\mathrm{T}}\boldsymbol{E}_1\boldsymbol{x}(t) \\ \boldsymbol{f}_2^{\mathrm{T}}(t)\boldsymbol{f}_2(t) \leqslant \boldsymbol{x}^{\mathrm{T}}(t-d(t))(\boldsymbol{E}_2\boldsymbol{K})^{\mathrm{T}}(\boldsymbol{E}_2\boldsymbol{K})\boldsymbol{x}(t-d(t)) \end{cases} \tag{3-43}$$

基于 Lyapunov 稳定性定理分析系统的稳定性条件是时滞系统常用的方法，得到的稳定性条件通常用线性矩阵不等式来表示，求解方便。然而，得到的稳定性条件是保证系统稳定的充分条件[145-147]，减小稳定性条件的保守性非常重要。这里提出以下引理，用于减小 Lyapunov 函数的导数的估计误差，

改善稳定性条件的保守性，扩大系统的稳定范围，提高控制器的鲁棒性能。

引理 3-1　对于正定对称矩阵 $\boldsymbol{R}_1>0$、$\boldsymbol{R}_2>0$ 和定义在区间 $[a,b]$ 上的 n 维向量 $\boldsymbol{x}\in\mathbb{R}^n$，定义两组非零正交函数 $p_{1i}(s)$ 和 $p_{2i}(s)(i=1,2,\cdots,n)$，满足

$$\begin{cases}\int_a^b\int_u^b p_{1i}(s)p_{1k}(s)\mathrm{d}s\mathrm{d}u>0,\ i=k\\ \int_a^b\int_u^b p_{1i}(s)p_{1k}(s)\mathrm{d}s\mathrm{d}u=0,\ i\neq k\end{cases}\tag{3-44}$$

$$\begin{cases}\int_a^b\int_u^b p_{2i}(s)p_{2k}(s)\mathrm{d}s\mathrm{d}u>0,\ i=k\\ \int_a^b\int_u^b p_{2i}(s)p_{2k}(s)\mathrm{d}s\mathrm{d}u=0,\ i\neq k\end{cases}\tag{3-45}$$

有如下不等式成立

$$-\int_a^b\int_u^b \boldsymbol{x}^{\mathrm{T}}(s)\boldsymbol{R}_1\boldsymbol{x}(s)\mathrm{d}s\mathrm{d}u\leqslant\boldsymbol{\chi}_0^{\mathrm{T}}\sum_{i=1}^n\left(q_{1i}\boldsymbol{S}_i\boldsymbol{R}_1^{-1}\boldsymbol{S}_i^{\mathrm{T}}\right)\boldsymbol{\chi}_0+2\boldsymbol{\chi}_0^{\mathrm{T}}\sum_{i=1}^n\boldsymbol{S}_i\boldsymbol{\Omega}_{1i}\tag{3-46}$$

$$-\int_a^b\int_a^u \boldsymbol{x}^{\mathrm{T}}(s)\boldsymbol{R}_2\boldsymbol{x}(s)\mathrm{d}s\mathrm{d}u\leqslant\boldsymbol{\chi}_0^{\mathrm{T}}\sum_{i=1}^n\left(q_{2i}\boldsymbol{S}_i\boldsymbol{R}_2^{-1}\boldsymbol{S}_i^{\mathrm{T}}\right)\boldsymbol{\chi}_0+2\boldsymbol{\chi}_0^{\mathrm{T}}\sum_{i=1}^n\boldsymbol{S}_i\boldsymbol{\Omega}_{2i}\tag{3-47}$$

其中，$\boldsymbol{\chi}_0$ 和 $\boldsymbol{S}_i(i=1,2,\cdots,n)$ 分别是适当维数的任意向量和矩阵，且

$$\begin{cases}q_{1i}=\int_a^b\int_a^u p_{1i}^2(s)\mathrm{d}s\mathrm{d}u\\ \boldsymbol{\Omega}_{1i}=\int_a^b\int_a^u p_{1i}(s)\boldsymbol{x}(s)\mathrm{d}s\mathrm{d}u\end{cases}\tag{3-48}$$

$$\begin{cases}q_{2i}=\int_a^b\int_a^u p_{2i}^2(s)\mathrm{d}s\mathrm{d}u\\ \boldsymbol{\Omega}_{2i}=\int_a^b\int_a^u p_{2i}(s)\boldsymbol{x}(s)\mathrm{d}s\mathrm{d}u\end{cases}\tag{3-49}$$

证明：根据 Schur 补引理，对正定矩阵 $\boldsymbol{R}_1>0$ 和适当维数的矩阵 $\boldsymbol{S}_i(i=1,2,\cdots,n)$，有如下不等式成立

$$\boldsymbol{\Xi}=\begin{bmatrix}\boldsymbol{S}_1\boldsymbol{R}_1^{-1}\boldsymbol{S}_1^{\mathrm{T}} & \boldsymbol{S}_1\boldsymbol{R}_1^{-1}\boldsymbol{S}_2^{\mathrm{T}} & \cdots & \boldsymbol{S}_1\boldsymbol{R}_1^{-1}\boldsymbol{S}_n^{\mathrm{T}} & \boldsymbol{S}_1\\ * & \boldsymbol{S}_2\boldsymbol{R}_1^{-1}\boldsymbol{S}_2^{\mathrm{T}} & \cdots & \boldsymbol{S}_2\boldsymbol{R}_1^{-1}\boldsymbol{S}_n^{\mathrm{T}} & \boldsymbol{S}_2\\ * & * & & \vdots & \vdots\\ * & * & * & \boldsymbol{S}_n\boldsymbol{R}_1^{-1}\boldsymbol{S}_n^{\mathrm{T}} & \boldsymbol{S}_n\\ * & * & * & * & \boldsymbol{R}_1\end{bmatrix}\geqslant 0\tag{3-50}$$

因此，对于适当维数的任意向量 $\boldsymbol{\chi}_0$ 和非零函数 $q_{1i}(i=1,2,\cdots,n)$，有

$$\int_a^b\int_u^b\begin{bmatrix}p_{11}(s)\chi_0\\ \vdots\\ p_{1n}(s)\chi_0\\ \boldsymbol{x}(s)\end{bmatrix}^{\mathrm{T}}\varXi\begin{bmatrix}p_{11}(s)\chi_0\\ \vdots\\ p_{1n}(s)\chi_0\\ \boldsymbol{x}(s)\end{bmatrix}\mathrm{d}s\mathrm{d}u\geqslant 0 \tag{3-51}$$

根据式(3-50)，将式(3-51)展开可得

$$\begin{aligned}&\int_a^b\int_u^b \boldsymbol{x}^{\mathrm{T}}(s)\boldsymbol{R}_1\boldsymbol{x}(s)\mathrm{d}s\mathrm{d}u+\boldsymbol{\chi}_0^{\mathrm{T}}\sum_{i=1}^{n}\sum_{\substack{k=1\\ i\neq k}}^{n}\left(\boldsymbol{S}_i\boldsymbol{R}_1^{-1}\boldsymbol{S}_k^{\mathrm{T}}\int_a^b\int_u^b p_{1i}(s)p_{1k}(s)\mathrm{d}s\mathrm{d}u\right)\boldsymbol{\chi}_0+\\ &2\boldsymbol{\chi}_0^{\mathrm{T}}\sum_{i=1}^{n}\left(\boldsymbol{S}_i\int_a^b\int_u^b p_{1i}(s)\boldsymbol{x}(s)\mathrm{d}s\mathrm{d}u\right)+\boldsymbol{\chi}_0^{\mathrm{T}}\sum_{i=1}^{n}\left(\boldsymbol{S}_i\boldsymbol{R}_1^{-1}\boldsymbol{S}_i^{\mathrm{T}}\int_a^b\int_u^b p_{1i}^2(s)\mathrm{d}s\mathrm{d}u\right)\boldsymbol{\chi}_0\geqslant 0\end{aligned} \tag{3-52}$$

由式(3-44)和式(3-48)可知，式(3-52)等价于式(3-46)。

同理可证式(3-47)成立。

证毕。

式(3-46)和式(3-47)是一般形式，不便于直接使用。选择固定的维数 n 和特定的正交函数 $p_{1i}(s)$ 和 $p_{2i}(s)(i=1,2,\cdots,n)$，可以得到如下推论。

推论 3-1 给定正定对称矩阵 $\boldsymbol{R}_1>0$ 和 $\boldsymbol{R}_2>0$，适当维数的向量 $\boldsymbol{\chi}_0$ 和矩阵 $\boldsymbol{S}_i(i=1,2,3,4)$，对于连续可微向量 $\boldsymbol{x}:[a,b]\to\mathbb{R}^n$，有如下不等式成立

$$-\int_a^b\int_u^b\dot{\boldsymbol{x}}^{\mathrm{T}}(s)\boldsymbol{R}_1\dot{\boldsymbol{x}}(s)\mathrm{d}s\mathrm{d}u\leqslant 2\boldsymbol{\chi}_0^{\mathrm{T}}\left(2\boldsymbol{S}_1\boldsymbol{\chi}_1+4\boldsymbol{S}_2\boldsymbol{\chi}_2\right)+\boldsymbol{\chi}_0^{\mathrm{T}}\left(2\boldsymbol{S}_1\boldsymbol{R}_1^{-1}\boldsymbol{S}_1^{\mathrm{T}}+4\boldsymbol{S}_2\boldsymbol{R}_1^{-1}\boldsymbol{S}_2^{\mathrm{T}}\right)\boldsymbol{\chi}_0 \tag{3-53}$$

$$-\int_a^b\int_a^u\dot{\boldsymbol{x}}^{\mathrm{T}}(s)\boldsymbol{R}_2\dot{\boldsymbol{x}}(s)\mathrm{d}s\mathrm{d}u\leqslant 2\boldsymbol{\chi}_0^{\mathrm{T}}\left(2\boldsymbol{S}_3\boldsymbol{\chi}_3+4\boldsymbol{S}_4\boldsymbol{\chi}_4\right)+\boldsymbol{\chi}_0^{\mathrm{T}}\left(2\boldsymbol{S}_3\boldsymbol{R}_2^{-1}\boldsymbol{S}_3^{\mathrm{T}}+4\boldsymbol{S}_4\boldsymbol{R}_2^{-1}\boldsymbol{S}_4^{\mathrm{T}}\right)\boldsymbol{\chi}_0 \tag{3-54}$$

其中

$$\boldsymbol{\chi}_1=\boldsymbol{x}(b)-\frac{1}{b-a}\int_a^b\boldsymbol{x}(s)\mathrm{d}s\text{，}\quad \boldsymbol{\chi}_2=\boldsymbol{x}(b)+\frac{2}{b-a}\int_a^b\boldsymbol{x}(s)\mathrm{d}s-\frac{6}{(b-a)^2}\int_a^b\int_u^b\boldsymbol{x}(s)\mathrm{d}s\mathrm{d}u$$

$$\boldsymbol{\chi}_3=\frac{1}{b-a}\int_a^b\boldsymbol{x}(s)\mathrm{d}s-\boldsymbol{x}(a)\text{，}\quad \boldsymbol{\chi}_4=\boldsymbol{x}(a)-\frac{4}{b-a}\int_a^b\boldsymbol{x}(s)\mathrm{d}s+\frac{6}{(b-a)^2}\int_a^b\int_u^b\boldsymbol{x}(s)\mathrm{d}s\mathrm{d}u$$

证明：式(3-46)中，令 $n=2$，$p_{11}=2/(b-a)$，$p_{12}=4(3s-(2b+a))/(b-a)^2$，$\boldsymbol{x}(s)=\dot{\boldsymbol{x}}(s)$，则

$$q_{11}=\int_a^b\int_u^b p_{11}^2(s)\mathrm{d}s\mathrm{d}u=2\text{，}\quad \varOmega_{11}=\int_a^b\int_u^b p_{11}(s)\dot{\boldsymbol{x}}(s)\mathrm{d}s\mathrm{d}u=2\boldsymbol{\chi}_1 \tag{3-55}$$

$$q_{12}=\int_a^b\int_u^b p_{12}^2(s)\mathrm{d}s\mathrm{d}u=4\text{，}\quad \varOmega_{12}=\int_a^b\int_u^b p_{12}(s)\dot{\boldsymbol{x}}(s)\mathrm{d}s\mathrm{d}u=4\boldsymbol{\chi}_2 \tag{3-56}$$

将以上条件代入式(3-46)中，可得式(3-53)成立。

同理，令 $n=2$，$p_{21}=2/(b-a)$，$p_{22}=4(3s-(2b+a))/(b-a)^2$，$\boldsymbol{x}(s)=\dot{\boldsymbol{x}}(s)$，可得式(3-54)成立。

证毕。

为了得到滚转-俯仰通道的稳定性准则，给出如下稳定性分析中用到的已知结论。

引理 3-2[148]　对任意向量 $\boldsymbol{\psi}_1$ 和 $\boldsymbol{\psi}_2$，适当维数的矩阵 $\boldsymbol{S}$，正定矩阵 $\boldsymbol{W}_i(i=1,2,3,4)$ 和实数 $0<\rho<1$，若有

$$\begin{bmatrix}\boldsymbol{W}_1+\boldsymbol{W}_3 & \boldsymbol{S}\\ * & \boldsymbol{W}_2+\boldsymbol{W}_4\end{bmatrix}>0$$

则有如下不等式成立

$$\boldsymbol{\psi}_1^{\mathrm{T}}\left(\frac{1}{\rho}\boldsymbol{W}_1+\frac{1-\rho}{\rho}\boldsymbol{W}_3\right)\boldsymbol{\psi}_1+\boldsymbol{\psi}_2^{\mathrm{T}}\left(\frac{1}{1-\rho}\boldsymbol{W}_2+\frac{\rho}{1-\rho}\boldsymbol{W}_4\right)\boldsymbol{\psi}_2\geqslant\begin{bmatrix}\boldsymbol{\psi}_1\\ \boldsymbol{\psi}_2\end{bmatrix}^{\mathrm{T}}\begin{bmatrix}\boldsymbol{W}_1 & \boldsymbol{S}\\ * & \boldsymbol{W}_2\end{bmatrix}\begin{bmatrix}\boldsymbol{\psi}_1\\ \boldsymbol{\psi}_2\end{bmatrix}$$

引理 3-3[149]　给定常数 $\gamma_2\geqslant\gamma_1\geqslant 0$，对任意满足 $\gamma_1\leqslant\gamma(t)\leqslant\gamma_2$ 的 $\gamma(t)$

$$\boldsymbol{\Omega}+(\gamma(t)-\gamma_1)\boldsymbol{\Xi}_1+(\gamma_2-\gamma(t))\boldsymbol{\Xi}_2<0$$

等价于

$$\begin{cases}\boldsymbol{\Omega}+(\gamma_2-\gamma_1)\boldsymbol{\Xi}_1<0\\ \boldsymbol{\Omega}+(\gamma_2-\gamma_1)\boldsymbol{\Xi}_2<0\end{cases}$$

其中，$\boldsymbol{\Omega}$、$\boldsymbol{\Xi}_1$ 和 $\boldsymbol{\Xi}_2$ 是适当维数的任意矩阵。

接下来，将推论 3-1 用于估计 Lyapunov 函数的导数，得到式(3-42)所描述的时滞系统的保守性较小的稳定性准则。为表述方便，做如下定义

$$\boldsymbol{x}_d(t)=\boldsymbol{x}(t-d(t))\text{，}\quad \boldsymbol{x}_M(t)=\boldsymbol{x}(t-d_{\max})$$

$$\boldsymbol{\varphi}_1(t)=\left[\boldsymbol{x}^{\mathrm{T}}(t),\int_{t-d_{\max}}^{t}\boldsymbol{x}^{\mathrm{T}}(s)\mathrm{d}s\right]^{\mathrm{T}}\text{，}\quad \boldsymbol{\varphi}_2(t,s)=\left[\boldsymbol{x}^{\mathrm{T}}(t),\boldsymbol{x}^{\mathrm{T}}(s)\right]^{\mathrm{T}}$$

$$\xi_1(t)=\frac{1}{d(t)}\int_{t-d(t)}^{t}\boldsymbol{x}(s)\mathrm{d}s\text{，}\quad \xi_2(t)=\frac{1}{d_{\max}-d(t)}\int_{t-d_{\max}}^{t-d(t)}\boldsymbol{x}(s)\mathrm{d}s$$

$$\xi_3(t)=\frac{1}{(d(t))^2}\int_{t-d(t)}^{t}\int_{u}^{t}\boldsymbol{x}(s)\mathrm{d}s\mathrm{d}u\text{，}\quad \xi_4(t)=\frac{1}{(d_{\max}-d(t))^2}\int_{t-d_{\max}}^{t-d(t)}\int_{u}^{t-d(t)}\boldsymbol{x}(s)\mathrm{d}s\mathrm{d}u$$

$$\xi(t)=\left[\boldsymbol{x}^{\mathrm{T}}(t),\boldsymbol{x}_d^{\mathrm{T}}(t),\boldsymbol{x}_M^{\mathrm{T}}(t),\dot{\boldsymbol{x}}^{\mathrm{T}}(t),\xi_1^{\mathrm{T}}(t),\xi_2^{\mathrm{T}}(t),\xi_3^{\mathrm{T}}(t),\xi_4^{\mathrm{T}}(t),\boldsymbol{f}_1^{\mathrm{T}}(t),\boldsymbol{f}_2^{\mathrm{T}}(t)\right]^{\mathrm{T}}$$

对系统(3-42)，选择性能评价指标为 $\boldsymbol{z}(t)=\boldsymbol{C}_3\boldsymbol{x}(t)$，结合推论 3-1，有如下稳定性定理。

定理 3-2　对于系统(3-42)，若存在正定对称矩阵 $\boldsymbol{P}>0$、$\boldsymbol{Q}_1>0$、$\boldsymbol{Q}_2>0$、$\boldsymbol{R}_2>0$、$\boldsymbol{Z}_1>0$、$\boldsymbol{Z}_2>0$，适当维数的任意矩阵 $\boldsymbol{T}_3$、$\boldsymbol{S}_i(i=1,2,3)$、$\boldsymbol{Y}_j(j=1,2,\cdots,8)$ 以及非负常数 ε_1 和 ε_2，使得式(3-57)和式(3-58)的不等式组成立，则系统是渐近稳定的，且满足 $\|\boldsymbol{z}(t)\|_2/\|\boldsymbol{g}(t)\|_2\leqslant\gamma$。

$$\begin{bmatrix}\boldsymbol{\Phi}+d_{\max}\boldsymbol{\Pi}_i & \boldsymbol{Y}\\ * & -\boldsymbol{Z}\end{bmatrix}<0,\ i=1,2 \tag{3-57}$$

$$\begin{bmatrix}(2i-1)(\boldsymbol{R}_2+\boldsymbol{Z}_1) & \boldsymbol{S}_i\\ * & (2i-1)(\boldsymbol{R}_2+\boldsymbol{Z}_2)\end{bmatrix}<0,\ i=1,2,3 \tag{3-58}$$

其中

$$\boldsymbol{P}=\begin{bmatrix}\boldsymbol{P}_{11} & \boldsymbol{P}_{12}\\ \boldsymbol{P}_{12}^{\mathrm{T}} & \boldsymbol{P}_{22}\end{bmatrix},\quad \boldsymbol{Q}_1=\begin{bmatrix}\boldsymbol{Q}_{11} & \boldsymbol{Q}_{12}\\ \boldsymbol{Q}_{12}^{\mathrm{T}} & \boldsymbol{Q}_{13}\end{bmatrix},\quad \boldsymbol{Q}_2=\begin{bmatrix}\boldsymbol{Q}_{21} & \boldsymbol{Q}_{22}\\ \boldsymbol{Q}_{22}^{\mathrm{T}} & \boldsymbol{Q}_{23}\end{bmatrix}$$

$$\boldsymbol{\Phi}=\sum_{i=1}^{3}\boldsymbol{\Phi}_i+\boldsymbol{\Xi}_1-\boldsymbol{\Theta}_1-\boldsymbol{\Theta}_2-\boldsymbol{\Theta}_S$$

$$\boldsymbol{\Phi}_1=\mathrm{sym}\left\{\boldsymbol{e}_1^{\mathrm{T}}\boldsymbol{P}_{11}\boldsymbol{e}_4+\boldsymbol{e}_1^{\mathrm{T}}\boldsymbol{P}_{12}\boldsymbol{e}_1-\boldsymbol{e}_1^{\mathrm{T}}\boldsymbol{P}_{12}\boldsymbol{e}_3\right\}$$

$$\boldsymbol{\Phi}_2=\begin{bmatrix}\boldsymbol{e}_1\\ \boldsymbol{e}_1\end{bmatrix}^{\mathrm{T}}(\boldsymbol{Q}_1+\boldsymbol{Q}_2)\begin{bmatrix}\boldsymbol{e}_1\\ \boldsymbol{e}_1\end{bmatrix}-\begin{bmatrix}\boldsymbol{e}_1\\ \boldsymbol{e}_3\end{bmatrix}^{\mathrm{T}}\boldsymbol{Q}_1\begin{bmatrix}\boldsymbol{e}_1\\ \boldsymbol{e}_3\end{bmatrix}-(1-d_D)\begin{bmatrix}\boldsymbol{e}_1\\ \boldsymbol{e}_2\end{bmatrix}^{\mathrm{T}}\boldsymbol{Q}_2\begin{bmatrix}\boldsymbol{e}_1\\ \boldsymbol{e}_2\end{bmatrix}+\mathrm{sym}\left\{d_{\max}\boldsymbol{e}_1^{\mathrm{T}}\boldsymbol{Q}_{11}\boldsymbol{e}_4\right\}$$

$$\boldsymbol{\Phi}_3=\boldsymbol{e}_4^{\mathrm{T}}\left(d_{\max}^2\boldsymbol{R}_2+\frac{1}{2}d_{\max}^2(\boldsymbol{Z}_1+\boldsymbol{Z}_2)\right)\boldsymbol{e}_4+\mathrm{sym}\left\{\sum_{j=1}^{8}(3+(-1)^j)\boldsymbol{Y}_j\boldsymbol{v}_j\right\}$$

$$\boldsymbol{\Theta}_1=\boldsymbol{\chi}_1^{\mathrm{T}}\boldsymbol{R}_2\boldsymbol{\chi}_1+3\boldsymbol{\chi}_2^{\mathrm{T}}\boldsymbol{R}_2\boldsymbol{\chi}_2+5\boldsymbol{\chi}_3^{\mathrm{T}}\boldsymbol{R}_2\boldsymbol{\chi}_3$$

$$\boldsymbol{\Theta}_2=\boldsymbol{\chi}_4^{\mathrm{T}}\boldsymbol{R}_2\boldsymbol{\chi}_4+3\boldsymbol{\chi}_5^{\mathrm{T}}\boldsymbol{R}_2\boldsymbol{\chi}_5+5\boldsymbol{\chi}_6^{\mathrm{T}}\boldsymbol{R}_2\boldsymbol{\chi}_6$$

$$\boldsymbol{\Theta}_S=\mathrm{sym}\left\{\boldsymbol{\chi}_1^{\mathrm{T}}\boldsymbol{S}_1\boldsymbol{\chi}_4+\boldsymbol{\chi}_2^{\mathrm{T}}\boldsymbol{S}_2\boldsymbol{\chi}_5+\boldsymbol{\chi}_3^{\mathrm{T}}\boldsymbol{S}_3\boldsymbol{\chi}_6\right\}$$

$$\boldsymbol{\Xi}_1=\mathrm{sym}\left\{\boldsymbol{e}_4^{\mathrm{T}}\boldsymbol{T}_3(\boldsymbol{A}\boldsymbol{e}_1+\boldsymbol{B}\boldsymbol{K}\boldsymbol{e}_2+\boldsymbol{D}_A\boldsymbol{e}_9+\boldsymbol{D}_B\boldsymbol{e}_{10}+\boldsymbol{B}_g\boldsymbol{e}_{11}-\boldsymbol{e}_4)\right\}$$

$$\boldsymbol{\Pi}_1=\mathrm{sym}\left\{\boldsymbol{e}_1^{\mathrm{T}}\boldsymbol{Q}_{21}\boldsymbol{e}_4+\boldsymbol{e}_1^{\mathrm{T}}\boldsymbol{P}_{22}\boldsymbol{e}_5-\boldsymbol{e}_3^{\mathrm{T}}\boldsymbol{P}_{22}\boldsymbol{e}_5+\boldsymbol{e}_4^{\mathrm{T}}(\boldsymbol{P}_{12}+\boldsymbol{Q}_{12}+\boldsymbol{Q}_{22})\boldsymbol{e}_5\right\}$$

$$\boldsymbol{\Pi}_2=\mathrm{sym}\left\{\boldsymbol{e}_1^{\mathrm{T}}\boldsymbol{P}_{22}\boldsymbol{e}_6-\boldsymbol{e}_3^{\mathrm{T}}\boldsymbol{P}_{22}\boldsymbol{e}_6+\boldsymbol{e}_4^{\mathrm{T}}(\boldsymbol{P}_{12}+\boldsymbol{Q}_{12})\boldsymbol{e}_6\right\}$$

$$\boldsymbol{Y}=2\left[\boldsymbol{Y}_1,\boldsymbol{Y}_2,\boldsymbol{Y}_3,\boldsymbol{Y}_4,\boldsymbol{Y}_5,\boldsymbol{Y}_6,\boldsymbol{Y}_7,\boldsymbol{Y}_8\right],\quad \boldsymbol{Z}=\mathrm{diag}\left\{2\boldsymbol{Z}_1,\boldsymbol{Z}_1,2\boldsymbol{Z}_1,\boldsymbol{Z}_1,2\boldsymbol{Z}_2,\boldsymbol{Z}_2,2\boldsymbol{Z}_2,\boldsymbol{Z}_2\right\}$$

$$\boldsymbol{\chi}_1=\boldsymbol{e}_1-\boldsymbol{e}_2,\quad \boldsymbol{\chi}_2=\boldsymbol{e}_1+\boldsymbol{e}_2-2\boldsymbol{e}_5,\quad \boldsymbol{\chi}_3=\boldsymbol{e}_1-\boldsymbol{e}_2+6\boldsymbol{e}_5-12\boldsymbol{e}_7$$

$$\boldsymbol{\chi}_4=\boldsymbol{e}_2-\boldsymbol{e}_3,\quad \boldsymbol{\chi}_5=\boldsymbol{e}_2+\boldsymbol{e}_3-2\boldsymbol{e}_6,\quad \boldsymbol{\chi}_6=\boldsymbol{e}_2-\boldsymbol{e}_3+6\boldsymbol{e}_6-12\boldsymbol{e}_8$$

$$\boldsymbol{v}_1=\boldsymbol{e}_1-\boldsymbol{e}_5,\quad \boldsymbol{v}_2=\boldsymbol{e}_1+2\boldsymbol{e}_5-6\boldsymbol{e}_7,\quad \boldsymbol{v}_3=\boldsymbol{e}_2-\boldsymbol{e}_6,\quad \boldsymbol{v}_4=\boldsymbol{e}_2+2\boldsymbol{e}_6-6\boldsymbol{e}_8$$

$$\boldsymbol{\upsilon}_5=\boldsymbol{e}_5-\boldsymbol{e}_2\text{，}\quad \boldsymbol{\upsilon}_6=\boldsymbol{e}_2-4\boldsymbol{e}_5+6\boldsymbol{e}_7\text{，}\quad \boldsymbol{\upsilon}_7=\boldsymbol{e}_6-\boldsymbol{e}_3\text{，}\quad \boldsymbol{\upsilon}_8=\boldsymbol{e}_3-4\boldsymbol{e}_6+6\boldsymbol{e}_8$$

$$\boldsymbol{e}_i=\left[\boldsymbol{0}_{n\times(i-1)n},\boldsymbol{I}_{n\times n},\boldsymbol{0}_{n\times(10-i)n}\right]\text{，}\quad i=1,2,\cdots,10$$

证明：为了充分利用系统时滞和状态信息，降低控制器的保守性，选取如下 Lyapunov 函数

$$V(t)=V_1(t)+V_2(t)+V_3(t)+V_4(t) \tag{3-59}$$

其中

$$V_1(t)=\boldsymbol{\varphi}_1^{\mathrm{T}}(t)\boldsymbol{P}\boldsymbol{\varphi}_1(t)$$

$$V_2(t)=\int_{t-d_{\max}}^{t}\boldsymbol{\varphi}_2^{\mathrm{T}}(t,s)\boldsymbol{Q}_1\boldsymbol{\varphi}_2(t,s)\mathrm{d}s+\int_{t-d(t)}^{t}\boldsymbol{\varphi}_2^{\mathrm{T}}(t,s)\boldsymbol{Q}_2\boldsymbol{\varphi}_2(t,s)\mathrm{d}s$$

$$V_3(t)=d_{\max}\int_{t-d_{\max}}^{t}\int_{u}^{t}\dot{\boldsymbol{x}}^{\mathrm{T}}(s)\boldsymbol{R}_2\dot{\boldsymbol{x}}(s)\mathrm{d}s\mathrm{d}u$$

$$V_4(t)=\int_{-d_{\max}}^{0}\int_{v}^{0}\int_{t+u}^{t}\dot{\boldsymbol{x}}^{\mathrm{T}}(s)\boldsymbol{Z}_1\dot{\boldsymbol{x}}(s)\mathrm{d}s\mathrm{d}u\mathrm{d}v+\int_{-d_{\max}}^{0}\int_{-d_{\max}}^{v}\int_{t+u}^{t}\dot{\boldsymbol{x}}^{\mathrm{T}}(s)\boldsymbol{Z}_2\dot{\boldsymbol{x}}(s)\mathrm{d}s\mathrm{d}u\mathrm{d}v$$

$$\boldsymbol{\varphi}_1(t)=\left[\boldsymbol{x}^{\mathrm{T}}(t),\int_{t-d_{\max}}^{t}\boldsymbol{x}^{\mathrm{T}}(s)\mathrm{d}s\right]^{\mathrm{T}}$$

$$\boldsymbol{\varphi}_2(t,s)=\left[\boldsymbol{x}^{\mathrm{T}}(t),\boldsymbol{x}^{\mathrm{T}}(s)\right]^{\mathrm{T}}$$

将 $V_i(t)(i=1,2,3,4)$ 沿着系统(3-42)对 t 求导可得

$$\dot{V}_1(t)=2\boldsymbol{\varphi}_1^{\mathrm{T}}(t)\boldsymbol{P}\dot{\boldsymbol{\varphi}}_1(t)=2\begin{bmatrix}\boldsymbol{x}(t)\\ \int_{t-d_{\max}}^{t}\boldsymbol{x}(s)\mathrm{d}s\end{bmatrix}^{\mathrm{T}}\boldsymbol{P}\begin{bmatrix}\dot{\boldsymbol{x}}(t)\\ \boldsymbol{x}(t)-\boldsymbol{x}_M(t)\end{bmatrix} \tag{3-60}$$

$$\begin{aligned}\dot{V}_2(t)&=\boldsymbol{\varphi}_2^{\mathrm{T}}(t,t)\boldsymbol{Q}_1\boldsymbol{\varphi}_2(t,t)-\boldsymbol{\varphi}_2^{\mathrm{T}}(t,t-d_{\max})\boldsymbol{Q}_1\boldsymbol{\varphi}_2(t,t-d_{\max})\\&\quad+\boldsymbol{\varphi}_2^{\mathrm{T}}(t,t)\boldsymbol{Q}_2\boldsymbol{\varphi}_2(t,t)-(1-\dot{d}(t))\boldsymbol{\varphi}_2^{\mathrm{T}}(t,t-d(t))\boldsymbol{Q}_2\boldsymbol{\varphi}_2(t,t-d(t))\\&=\begin{bmatrix}\boldsymbol{x}(t)\\ \boldsymbol{x}(t)\end{bmatrix}^{\mathrm{T}}(\boldsymbol{Q}_1+\boldsymbol{Q}_2)\begin{bmatrix}\boldsymbol{x}(t)\\ \boldsymbol{x}(t)\end{bmatrix}-\begin{bmatrix}\boldsymbol{x}(t)\\ \boldsymbol{x}(t-d_{\max})\end{bmatrix}^{\mathrm{T}}\boldsymbol{Q}_1\begin{bmatrix}\boldsymbol{x}(t)\\ \boldsymbol{x}(t-d_{\max})\end{bmatrix}\\&\quad-(1-\dot{d}(t))\begin{bmatrix}\boldsymbol{x}(t)\\ \boldsymbol{x}(t-d(t))\end{bmatrix}^{\mathrm{T}}\boldsymbol{Q}_2\begin{bmatrix}\boldsymbol{x}(t)\\ \boldsymbol{x}(t-d(t))\end{bmatrix}\end{aligned} \tag{3-61}$$

$$\dot{V}_3(t)=d_{\max}^2\dot{\boldsymbol{x}}^{\mathrm{T}}(t)\boldsymbol{R}_2\dot{\boldsymbol{x}}(t)+X_1+X_2 \tag{3-62}$$

$$\dot{V}_4(t)=\frac{1}{2}d_{\max}^2\dot{\boldsymbol{x}}^{\mathrm{T}}(t)\left(\boldsymbol{Z}_1+\boldsymbol{Z}_2\right)\dot{\boldsymbol{x}}(t)+\sum_{i=3}^{8}X_i \tag{3-63}$$

其中

$$X_1 = -d_{\max}\int_{t-d(t)}^{t} \dot{\boldsymbol{x}}^{\mathrm{T}}(s)\boldsymbol{R}_2\dot{\boldsymbol{x}}(s)\mathrm{d}s\,,\quad X_2 = -d_{\max}\int_{t-d_{\max}}^{t-d(t)} \dot{\boldsymbol{x}}^{\mathrm{T}}(s)\boldsymbol{R}_2\dot{\boldsymbol{x}}(s)\mathrm{d}s$$

$$X_3 = -(d_{\max}-d(t))\int_{t-d(t)}^{t} \dot{\boldsymbol{x}}^{\mathrm{T}}(s)\boldsymbol{Z}_1\dot{\boldsymbol{x}}(s)\mathrm{d}s\,,\quad X_4 = -d(t)\int_{t-d_{\max}}^{t-d(t)} \dot{\boldsymbol{x}}^{\mathrm{T}}(s)\boldsymbol{Z}_2\dot{\boldsymbol{x}}(s)\mathrm{d}s$$

$$X_5 = -\int_{t-d(t)}^{t}\int_{u}^{t} \dot{\boldsymbol{x}}^{\mathrm{T}}(s)\boldsymbol{Z}_1\dot{\boldsymbol{x}}(s)\mathrm{d}s\mathrm{d}u\,,\quad X_6 = -\int_{t-d_{\max}}^{t-d(t)}\int_{u}^{t-d(t)} \dot{\boldsymbol{x}}^{\mathrm{T}}(s)\boldsymbol{Z}_1\dot{\boldsymbol{x}}(s)\mathrm{d}s\mathrm{d}u$$

$$X_7 = -\int_{t-d(t)}^{t}\int_{t-d(t)}^{u} \dot{\boldsymbol{x}}^{\mathrm{T}}(s)\boldsymbol{Z}_2\dot{\boldsymbol{x}}(s)\mathrm{d}s\mathrm{d}u\,,\quad X_8 = -\int_{t-d_{\max}}^{t-d(t)}\int_{t-d_{\max}}^{u} \dot{\boldsymbol{x}}^{\mathrm{T}}(s)\boldsymbol{Z}_2\dot{\boldsymbol{x}}(s)\mathrm{d}s\mathrm{d}u$$

根据引理 3-2 和式(3-58)，对适当维数的任意矩阵 $\boldsymbol{S}_i(i=1,2,3)$，有

$$\begin{aligned}\sum_{i=1}^{4}X_i &\leqslant -\boldsymbol{\xi}^{\mathrm{T}}(t)\left(\frac{d_{\max}}{d(t)}\boldsymbol{\Theta}_1+\frac{d_{\max}}{d_{\max}-d(t)}\boldsymbol{\Theta}_2+\frac{d_{\max}-d(t)}{d(t)}\boldsymbol{\Theta}_3+\frac{d(t)}{d_{\max}-d(t)}\boldsymbol{\Theta}_4\right)\xi(t)\\ &\leqslant -\boldsymbol{\xi}^{\mathrm{T}}(t)(\boldsymbol{\Theta}_1+\boldsymbol{\Theta}_2+\boldsymbol{\Theta}_S)\xi(t)\end{aligned} \tag{3-64}$$

根据推论 3-1，令 $\boldsymbol{\chi}_0=\xi(t)$，对适当维数的任意矩阵 $\boldsymbol{Y}_j(j=1,2,\cdots,8)$，有

$$\sum_{i=5}^{8}X_i = \boldsymbol{\xi}^{\mathrm{T}}(t)\left[\boldsymbol{\Phi}_Z+\mathrm{sym}\left\{\sum_{j=1}^{8}(3+(-1)^j)(\boldsymbol{Y}_j\boldsymbol{v}_j)\right\}\right]\xi(t) \tag{3-65}$$

其中，$\boldsymbol{\Phi}_Z=\sum_{j=1}^{4}(3+(-1)^j)\boldsymbol{Y}_j\boldsymbol{Z}_1^{-1}\boldsymbol{Y}_j^{\mathrm{T}}+\sum_{j=5}^{8}(3+(-1)^j)\boldsymbol{Y}_j\boldsymbol{Z}_2^{-1}\boldsymbol{Y}_j^{\mathrm{T}}$。

由式(3-43)，对 $\varepsilon_1\geqslant 0$ 和 $\varepsilon_2\geqslant 0$，有

$$\begin{cases}0\leqslant\varepsilon_1\left[\boldsymbol{x}^{\mathrm{T}}(t)\boldsymbol{E}_1^{\mathrm{T}}\boldsymbol{E}_1\boldsymbol{x}(t)-\boldsymbol{f}_1^{\mathrm{T}}(t)\boldsymbol{f}_1(t)\right]\\ 0\leqslant\varepsilon_2\left[\boldsymbol{x}_d^{\mathrm{T}}(t)\boldsymbol{K}^{\mathrm{T}}\boldsymbol{E}_2^{\mathrm{T}}\boldsymbol{E}_2\boldsymbol{K}\boldsymbol{x}_d(t)-\boldsymbol{f}_2^{\mathrm{T}}(t)\boldsymbol{f}_2(t)\right]\end{cases} \tag{3-66}$$

由系统方程式(3-42)，对适当维数的任意矩阵 $\boldsymbol{T}_3$，有如下零等式成立

$$0=2\dot{\boldsymbol{x}}^{\mathrm{T}}(t)\boldsymbol{T}_3(\boldsymbol{A}\boldsymbol{x}(t)+\boldsymbol{B}\boldsymbol{K}\boldsymbol{x}_d(t)+\boldsymbol{D}_A\boldsymbol{f}_1(t)+\boldsymbol{D}_B\boldsymbol{f}_2(t)-\dot{\boldsymbol{x}}(t))=\xi^{\mathrm{T}}(t)\boldsymbol{\Xi}_1\xi(t) \tag{3-67}$$

由式(3-59)～式(3-67)可得

$$\dot{V}(t)\leqslant\boldsymbol{\xi}^{\mathrm{T}}(t)(\boldsymbol{\Phi}+\boldsymbol{\Phi}_Z+d(t)\boldsymbol{\Pi}_1+(d_{\max}-d(t))\boldsymbol{\Pi}_2)\xi(t) \tag{3-68}$$

若

$$\boldsymbol{\Phi}+\boldsymbol{\Phi}_Z+d(t)\boldsymbol{\Pi}_1+(d_{\max}-d(t))\boldsymbol{\Pi}_2<0 \tag{3-69}$$

成立，则闭环系统渐进稳定。根据引理 3-2，式(3-68)等价于

$$\begin{cases}\boldsymbol{\Phi}+\boldsymbol{\Phi}_Z+d_{\max}\boldsymbol{\Pi}_1<0\\ \boldsymbol{\Phi}+\boldsymbol{\Phi}_Z+d_{\max}\boldsymbol{\Pi}_2<0\end{cases} \tag{3-70}$$

当存在扰动 $\boldsymbol{g}(\mathrm{t})$时，考虑性能指标

$$J=\int_0^{\infty}\left[\boldsymbol{z}^{\mathrm{T}}(t)\boldsymbol{z}(t)-\gamma^2\boldsymbol{g}^{\mathrm{T}}(t)\boldsymbol{g}(t)\right]\mathrm{d}t \tag{3-71}$$

初始条件为 0 时，有

$$\begin{aligned}J&=\int_0^{\infty}\left[\boldsymbol{z}^{\mathrm{T}}(t)\boldsymbol{z}(t)-\gamma^2\boldsymbol{g}^{\mathrm{T}}(t)\boldsymbol{g}(t)\right]\mathrm{d}t+\int_0^{\infty}\dot{V}(t)\mathrm{d}t-V(\infty)\\&\leqslant\int_0^{\infty}\left[\boldsymbol{z}^{\mathrm{T}}(t)\boldsymbol{z}(t)-\gamma^2\boldsymbol{g}^{\mathrm{T}}(t)\boldsymbol{g}(t)+\dot{V}(t)\right]\mathrm{d}t\end{aligned} \tag{3-72}$$

其中

$$\dot{V}(t)\leqslant\xi^{\mathrm{T}}(t)(\boldsymbol{\Phi}+\boldsymbol{\Phi}_Z+d(t)\boldsymbol{\Pi}_1+(d_{\max}-d(t))\boldsymbol{\Pi}_2)\xi(t)+2\dot{\boldsymbol{x}}^{\mathrm{T}}(t)\boldsymbol{T}_3\boldsymbol{B}_g\boldsymbol{g}(t) \tag{3-73}$$

令 $\varsigma(t)=\left[\xi^{\mathrm{T}}(t),\boldsymbol{g}^{\mathrm{T}}(t)\right]^{\mathrm{T}}$，则

$$\boldsymbol{z}^{\mathrm{T}}(t)\boldsymbol{z}(t)-\gamma^2\boldsymbol{g}^{\mathrm{T}}(t)\boldsymbol{g}(t)+\dot{V}(t)\leqslant\varsigma^{\mathrm{T}}(t)\boldsymbol{\Gamma}\varsigma(t) \tag{3-74}$$

其中，$\begin{cases}\boldsymbol{\Gamma}=\boldsymbol{\Phi}+\boldsymbol{\Phi}_Z+d(t)\boldsymbol{\Pi}_1+(d_{\max}-d(t))\boldsymbol{\Pi}_2+\boldsymbol{e}_1^{\mathrm{T}}\boldsymbol{C}_3^{\mathrm{T}}\boldsymbol{C}_3\boldsymbol{e}_1+\widehat{\boldsymbol{\Xi}}\\ \widehat{\boldsymbol{\Xi}}=\gamma^2\boldsymbol{e}_{11}^{\mathrm{T}}\boldsymbol{e}_{11}+2\boldsymbol{e}_4^{\mathrm{T}}\boldsymbol{T}_3\boldsymbol{B}_g\boldsymbol{e}_{11}\end{cases}$。

当 $\boldsymbol{\Gamma}<0$时，$\boldsymbol{J}>0$，所以 $\dfrac{\int_0^{\infty}\boldsymbol{z}^{\mathrm{T}}(t)\boldsymbol{z}(t)\mathrm{d}t}{\int_0^{\infty}\boldsymbol{g}^{\mathrm{T}}(t)\boldsymbol{g}(t)\mathrm{d}t}\leqslant\gamma^2$，即 $\dfrac{\|\boldsymbol{z}(t)\|_2}{\|\boldsymbol{g}(t)\|_2}\leqslant\gamma$。

由引理 3-2，$\boldsymbol{\Gamma}<0$时等价于式(3-57)。证毕。

需要注意的是式(3-57)中存在唯一的非线性项 $\boldsymbol{T}_3\boldsymbol{BK}$，可以令 $\bar{\boldsymbol{Y}}=\boldsymbol{T}_3\boldsymbol{BK}$，将式(3-57)转化为包含变量 $\bar{\boldsymbol{Y}}$ 的线性矩阵不等式，从而求得 $\bar{\boldsymbol{Y}}$ 和 $\boldsymbol{T}_3$，进而得到 $\boldsymbol{K}=\bar{\boldsymbol{Y}}(\boldsymbol{T}_3\boldsymbol{B})^{-1}$。

3.5 仿真验证

本节通过仿真验证设计的控制器的可行性。表 3-1 给出了部分前飞速度时，SCUH 姿态角和控制量的配平值。

表 3-1 小型共轴无人直升机不同前进比下的配平值

μ	θ_{col} /(°)	θ_{dif} /(°)	θ_{lon} /(°)	θ_{lat} /(°)	ϕ /(°)	θ /(°)
0	9.52	0.79	0.29	−0.07	0.11	−0.18
0.05	10.39	0.61	1.87	−0.16	0.32	−2.69
0.1	11.26	0.38	3.15	−0.45	0.44	−4.19
0.15	12.04	0.21	3.98	−0.75	0.51	−6.02
0.2	12.86	0.15	5.01	−0.87	0.62	−8.13

(1) 水平速度通道。

将基于不确定模型设计的 H_∞ 控制器(鲁棒 H_∞ 控制)与基于标称系统设计的 H_∞ 控制器(传统 H_∞ 控制)进行对比。控制器参数为

$$\boldsymbol{K}_{\text{UN}}=\begin{bmatrix}-0.4299 & 0.1965\\ 0.3621 & -0.5978\end{bmatrix},\quad \boldsymbol{K}_{\text{N}}=\begin{bmatrix}-0.4765 & -0.2944\\ 0.5916 & -0.257\end{bmatrix}$$

其中，$\boldsymbol{K}_{\text{UN}}$ 和 $\boldsymbol{K}_{\text{N}}$ 分别为控制器和传统控制器参数。选择参考输入为

$$\begin{cases}u_r=2\sin t\\ v_r=0\end{cases}$$

采用两个控制器对标称系统进行控制仿真，纵向速度响应如图 3-1 所示，跟踪误差如图 3-2 所示。从图 3-1 可以看出，两种方法都能较好地跟踪参考信号。由图 3-2 可知，两种方法跟踪误差比较接近，横向速度 v_b 跟踪误差很小，纵向速度 u_b 的跟踪误差随着参考速度信号的增大有所增加，这是因为参考输入对于误差系统可以视为等效扰动，随着扰动增大，误差也会增大。

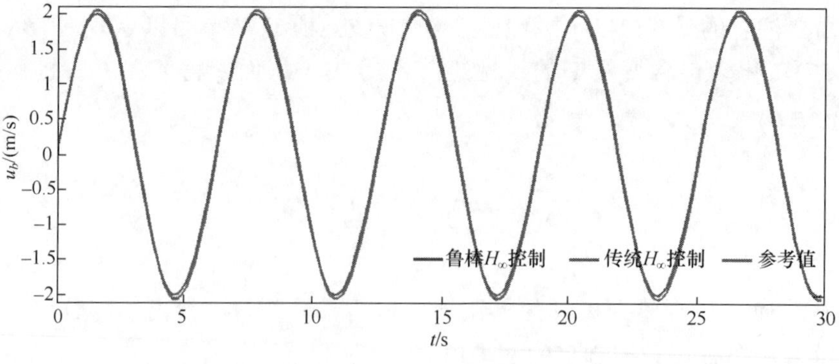

图 3-1 纵向速度 $\boldsymbol{x}_{3r}$ 跟踪响应(见彩图)

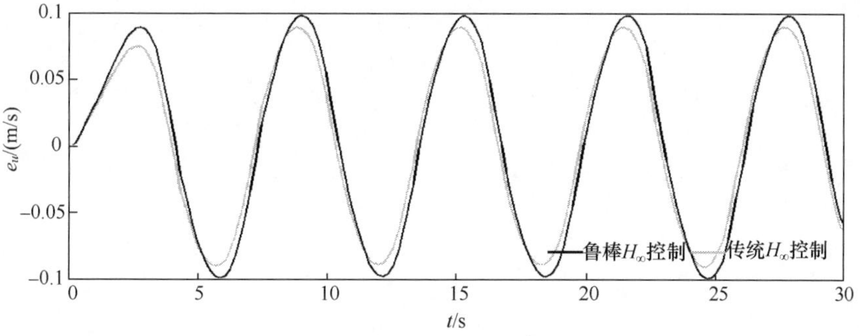

(a) 纵向速度u_b跟踪误差

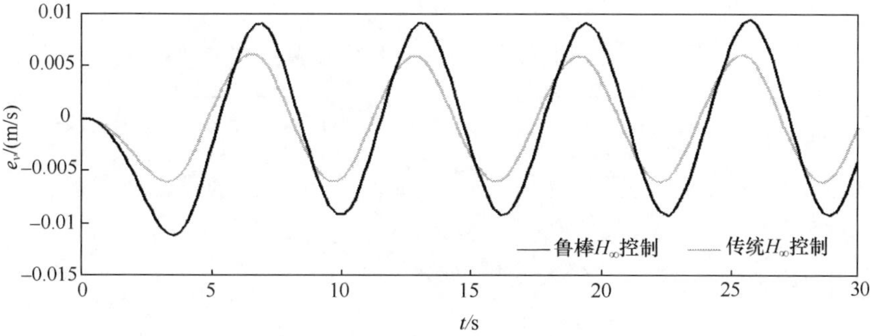

(b) 横向速度v_b跟踪误差

图 3-2　标称系统下水平速度跟踪误差

为了验证设计的控制器对于不同前飞速度的鲁棒性，分别将两个控制器对悬停和前进比 $\mu=0.1$时的线性模型进行控制，纵向速度跟踪误差分别如图 3-3 和图 3-4 所示。由图 3-3 和图 3-4 可以看出，控制器在不同速度时，误差波动较小，而传统控制下的纵向速度误差波动大，说明设计的控制器对不同水平速度具有较好的鲁棒性。

为了验证干扰抑制性能，在存在模型摄动时仿真对比。仿真时间为 30s，在 5~15s 纵向通道加入均值为 0、方差为 0.5 的随机噪声；在 20～25s 横向通道加入均值为 0、方差为 0.2 的随机噪声。这里设计的控制器最小干扰抑制指标为$\gamma_{\min}=1.6$，传统控制器为$\gamma_{\min}=2.3$。图 3-5 和图 3-6 分别为纵向和横向速度跟踪误差。可知，存在干扰时，纵向和横向速度跟踪误差明显增大。从图 3-5 可以看出，两种方法横向速度误差相差不大；由图 3-6 可知，所设计方法得到的横向速度误差较小，而传统 H_∞ 方法得到的误差相对较大。说明所设计鲁棒 H_∞ 控制方法比传统 H_∞ 控制方法对噪声有更好鲁棒性。

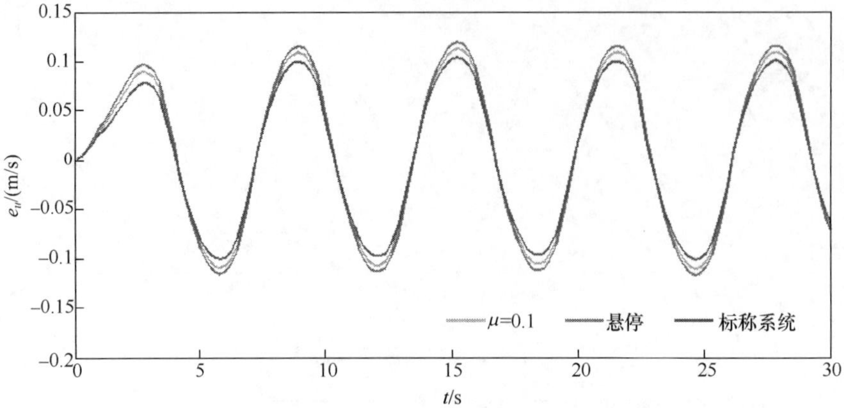

图 3-3　控制器对应的纵向速度跟踪误差(见彩图)

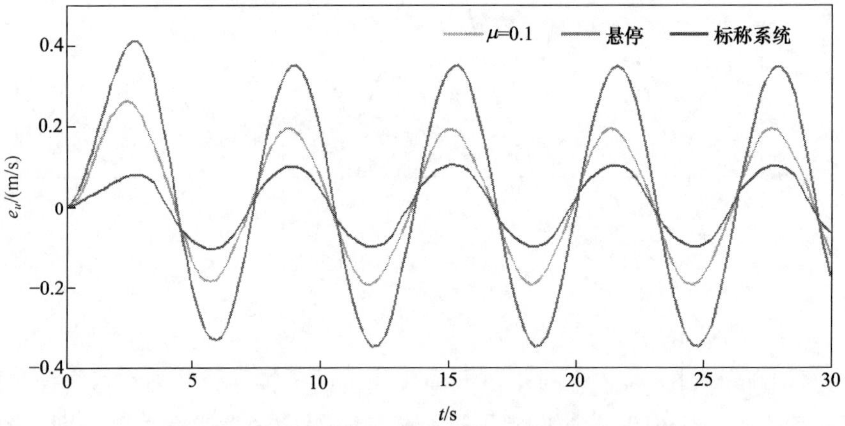

图 3-4　传统控制器对应的纵向速度跟踪误差(见彩图)

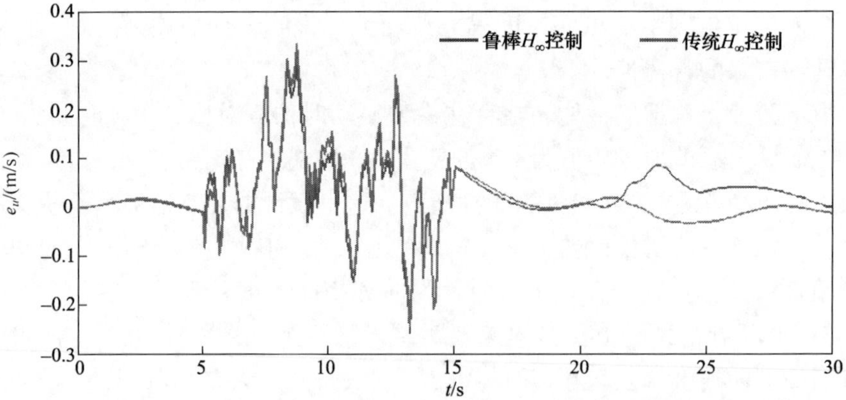

图 3-5　纵向速度跟踪误差(见彩图)

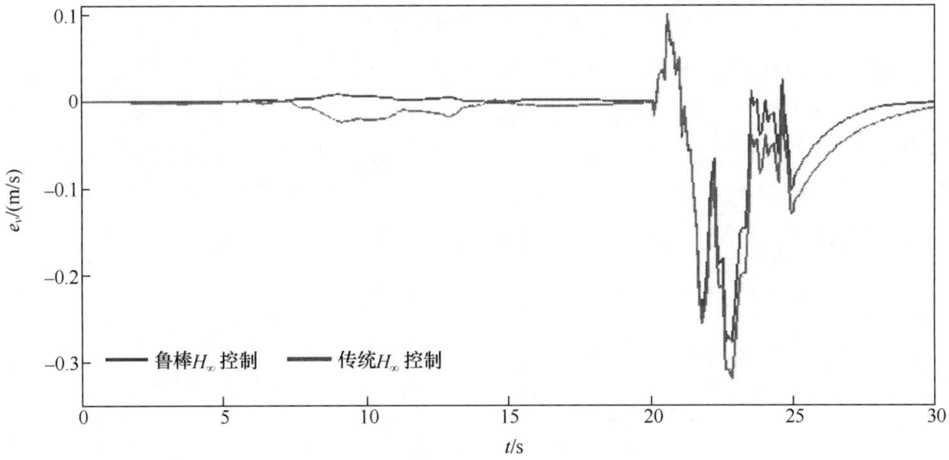

图 3-6　横向速度跟踪误差(见彩图)

为了更好地验证速度控制效果，选取位置参考信号如下

$$P_{xr}=\begin{cases}0.2t^2, & 0\leqslant t\leqslant 10\text{s}\\ 4t-20, & 10\text{s}<t\leqslant 16\text{s}\\ -0.25t^2+12t-84, & 16\text{s}<t\leqslant 24\text{s}\\ 60, & 24\text{s}<t\end{cases}$$

$$P_{yr}=\begin{cases}0.125\pi t^2, & 0\leqslant t\leqslant 2\text{s}\\ 2\sin(0.25\pi(t-2))+\pi/2, & 2\text{s}<t\leqslant 18\text{s}\\ 2\pi t-(\pi t^2)/24-22\pi, & 18\text{s}<t\leqslant 24\text{s}\\ 2\pi, & 24\text{s}<t\end{cases}$$

此时，速度参考信号为

$$u_r=\dot{P}_{xr}=\begin{cases}0.4t, & 0\leqslant t\leqslant 10\text{s}\\ 4, & 10\text{s}<t\leqslant 16\text{s}\\ -0.5t+12, & 16\text{s}<t\leqslant 24\text{s}\\ 0, & 24\text{s}<t\end{cases}$$

$$v_r=\dot{P}_{yr}=\begin{cases}0.25\pi t, & 0\leqslant t\leqslant 2\text{s}\\ 0.5\pi\sin(0.25\pi t), & 2\text{s}<t\leqslant 18\text{s}\\ 2\pi-(\pi t)/12, & 18\text{s}<t\leqslant 24\text{s}\\ 0, & 24\text{s}<t\end{cases}$$

横向和纵向速度通道同时加入正弦形式的噪声，两个通道噪声相同，选择噪声如下

$$g(t) = 1 - \cos(0.2\pi t)$$

速度响应和跟踪误差分别如图 3-7 和图 3-8 所示，图 3-9 为虚拟控制量(单位：(°))。由图 3-7 可知，两种方法都能在一定程度上跟踪上参考速度。由图 3-8 可知，所用方法的纵向和横向速度误差较传统方法都更小。由图 3-9 可知，两种方法控制量相近，都在合理范围之内，所用方法横向虚拟控制量略小，表明能量消耗较少。因此，鲁棒 H_∞ 控制方法比传统 H_∞ 控制方法具有更好的性能。

(a) 纵向速度跟踪响应

(b) 横向速度跟踪响应

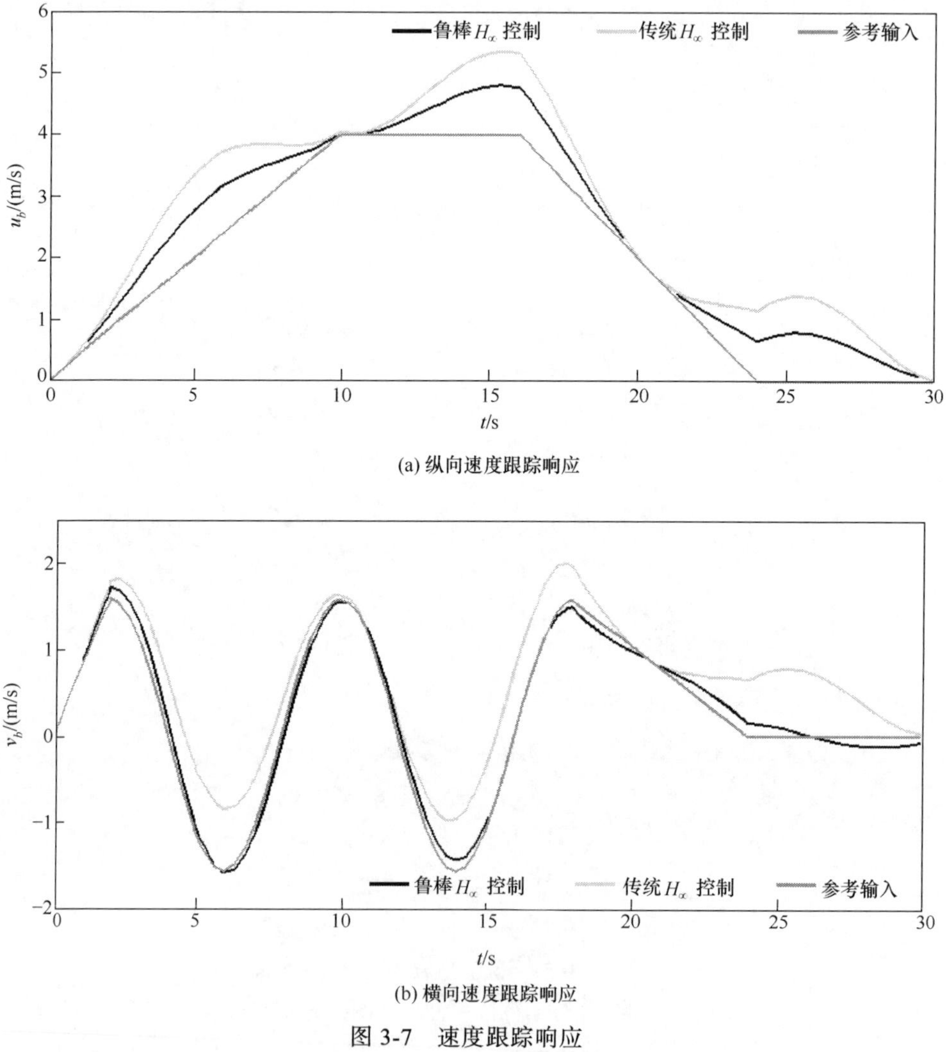

图 3-7　速度跟踪响应

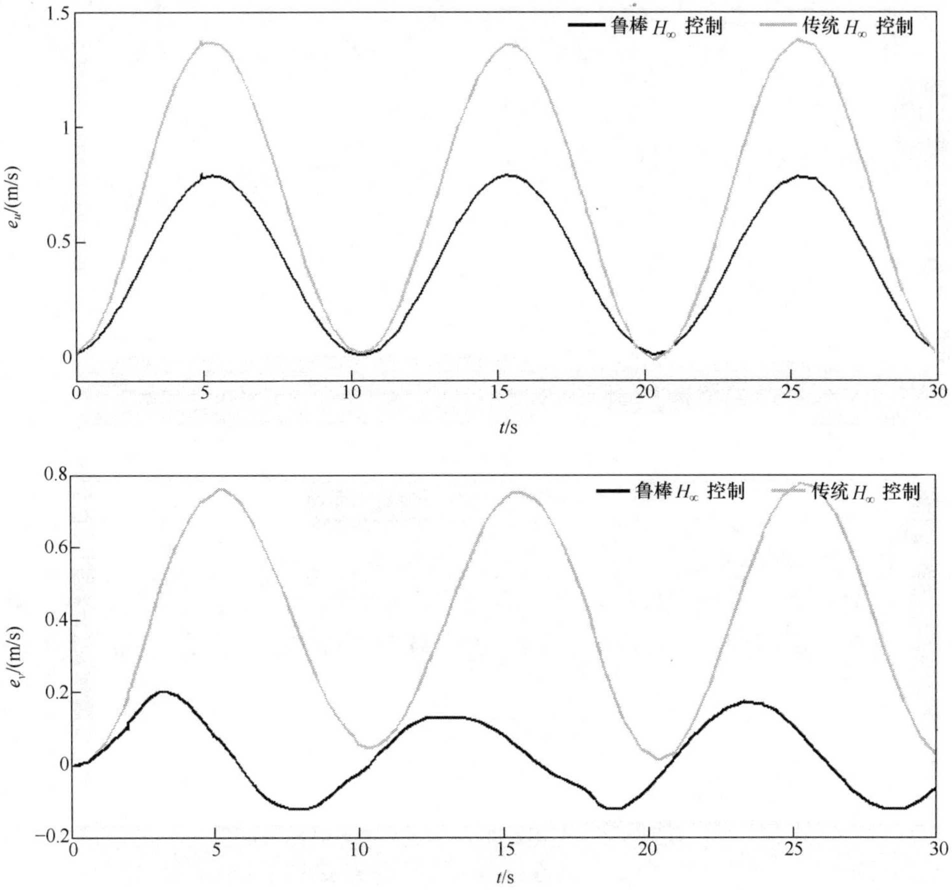

图 3-8　速度跟踪误差

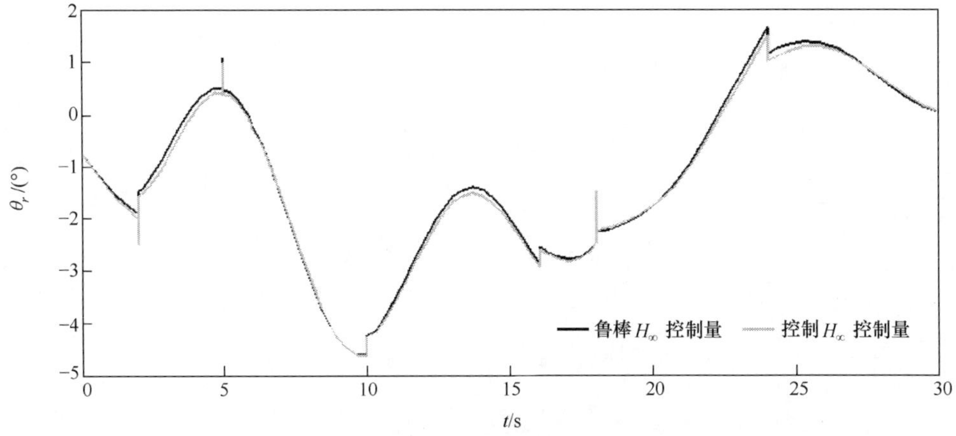

(a) 纵向控制量

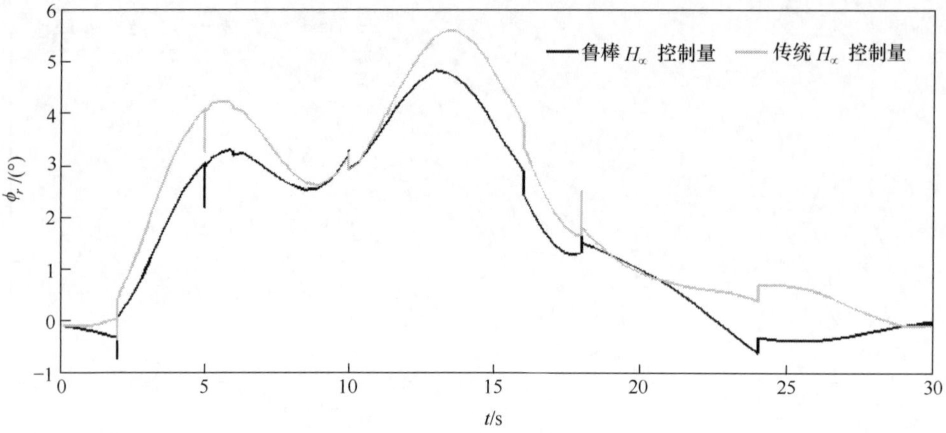

(b) 横向控制量

图 3-9 虚拟控制量

(2)高度-航向通道。

航向和高度重点在保持不变。因此选择航向角和高度参考值为常值，相应的垂向速度和航向速度均为 0。对标称系统和不确定系统在有正弦干扰条件下进行仿真

$$g(t) = 1 - \cos(0.2\pi t)$$

控制增益矩阵分别为

$$\boldsymbol{K}_{\text{UN}} = \begin{bmatrix} -0.3843 & 0.307 \\ -0.4894 & -0.6423 \end{bmatrix}, \ \boldsymbol{K}_{\text{N}} = \begin{bmatrix} -0.6117 & 0.9889 \\ -1.7886 & -0.3596 \end{bmatrix}$$

跟踪误差如图 3-10 和图 3-11 所示。控制量如图 3-12 和图 3-13 所示。

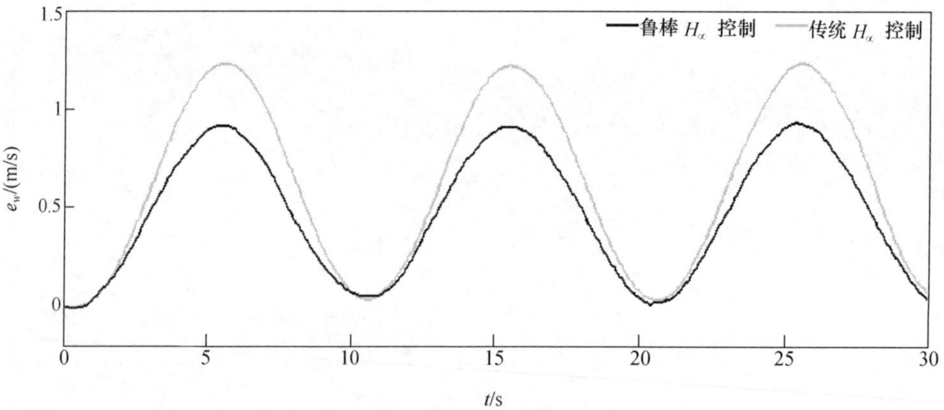

图 3-10 垂向速度误差

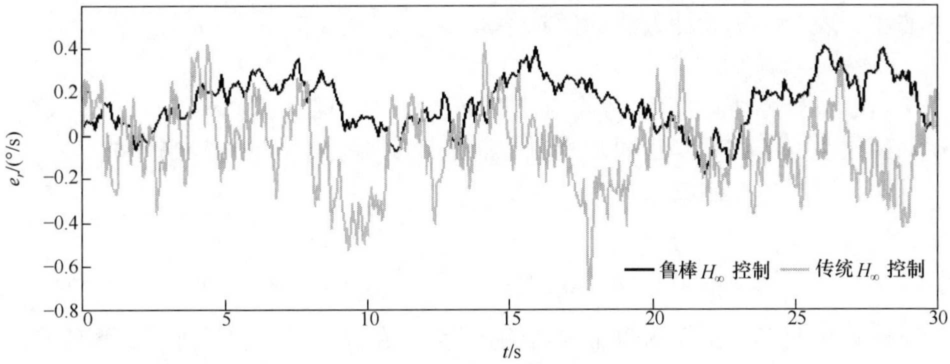

图 3-11　航向角速率误差

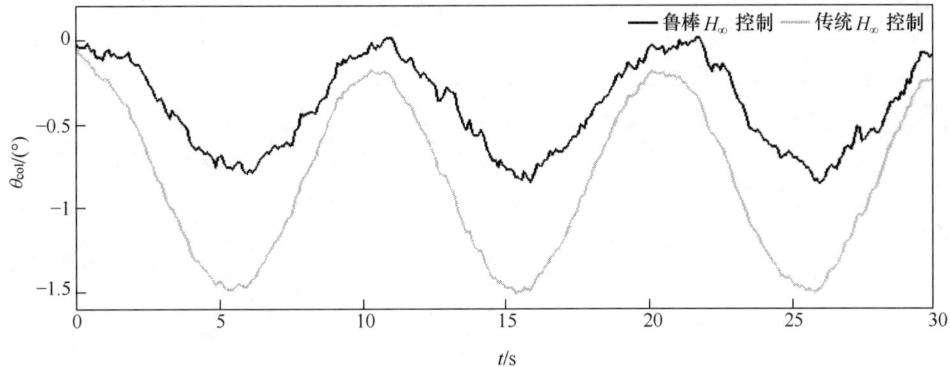

图 3-12　总距控制输入

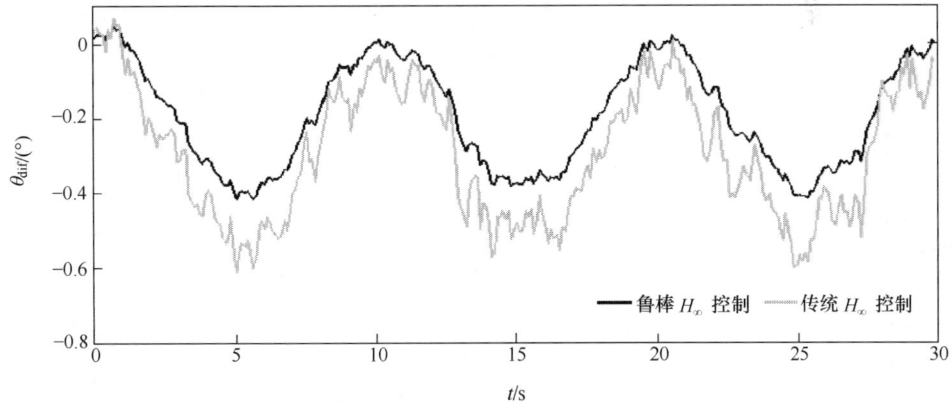

图 3-13　航向差动变距控制输入

由图 3-10 和图 3-11 可以看出，所设计的控制器得到的航向角速率和垂向速度误差小于传统的 H_∞ 控制方法，说明设计的控制器具有更好的干扰抑制能力。由图 3-12 和图 3-13 可知，得到的总距控制量和航向变距控制量都比传统方法小，表明了所设计方法的优越性。

(3)滚转-俯仰子系统。

对于滚转-俯仰通道，考虑输入时滞，设计了保守性更小的鲁棒 H_∞ 控制器。因此，本节的仿真目的是验证时滞条件下所设计方法的控制性能。

两种方法的控制器增益为

$$\boldsymbol{K}_{\mathrm{UN}}=\begin{bmatrix}-0.0821 & 0.5793\\ -0.5374 & -0.3413\end{bmatrix},\quad \boldsymbol{K}_{\mathrm{N}}=\begin{bmatrix}-0.4033 & 0.2836\\ -0.4908 & -0.7051\end{bmatrix}$$

滚转角速率和俯仰角速率参考输入为 0，在没有干扰的条件下，两种控制方法在无时滞条件下的误差如图 3-14 所示。可知，两种控制方法的跟踪误差都很小，所用方法虽然是在有时滞的情况下设计的，但是对无时滞的系统依然有较好的跟踪性能。

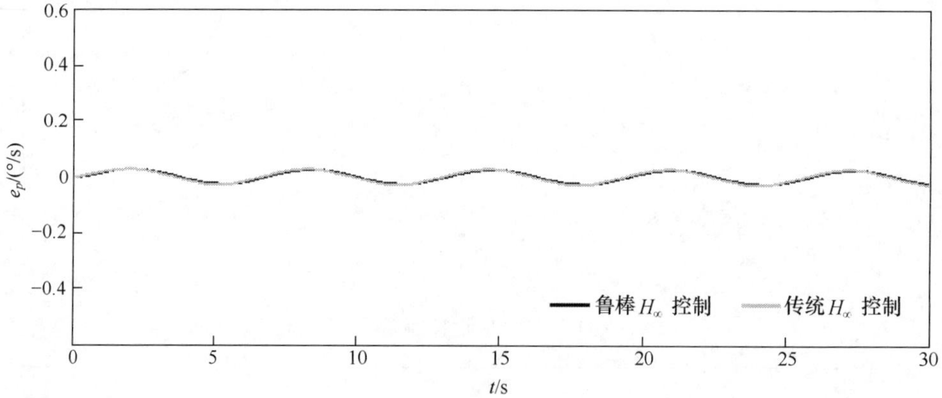

(a) 滚转角速率误差

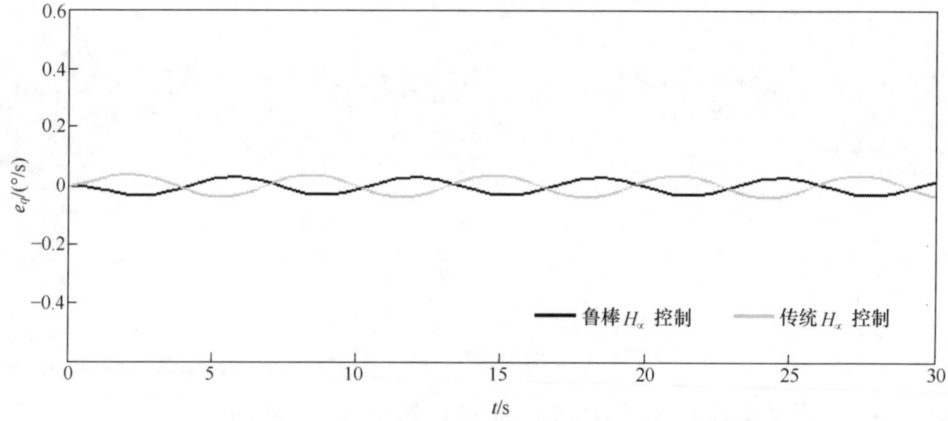

(b) 俯仰角速率误差

图 3-14　无时滞角速度误差

为了验证两种方法对有输入时滞的系统的控制性能，针对不确定系统进行仿真。选择如下幅值较小的时变时滞

$$d(t)=0.2\cos(t)\,,\quad \dot{d}(t)\leqslant d_D=0.2$$

图 3-15 和图 3-16 分别是所设计方法和传统 H_∞ 控制方法对无时滞和有时滞系统的角速率跟踪误差。由图 3-15 可知，所提控制方法在系统无时滞和有时滞条件下，跟踪误差变化很小，而且误差也很小。由图 3-16 可知，相比于无时滞系统，系统存在输入时滞时传统 H_∞ 控制方法存在较大振荡，误差明显增大。因此，所设计的控制方法对有输入时滞的系统仍然有较好的控制性能。

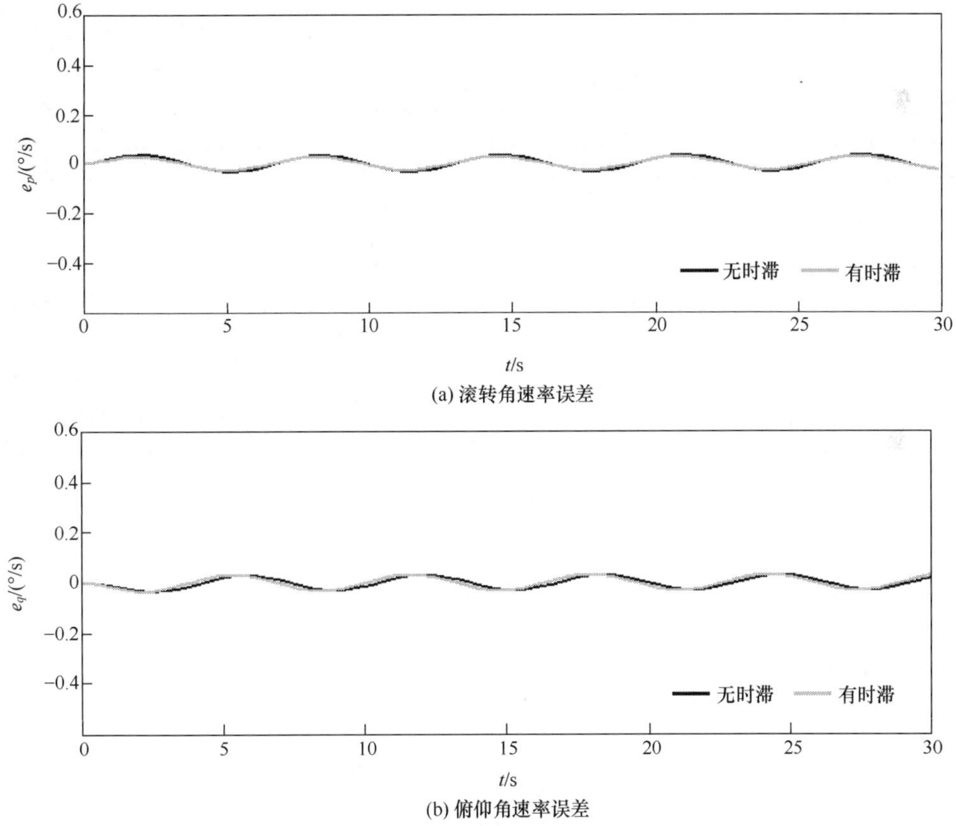

图 3-15　鲁棒 H_∞ 控制方法的角速率误差

为了验证提出的滚转-俯仰通道稳定性准则的保守性，与文献[142]的方法进行对比仿真。滚转和俯仰通道同时加入[−0.2, 0.2]范围内的均匀噪声，图 3-17 为两种方法的角速率控制误差，由图可知，滚转和俯仰通道都存在一定的跟踪误差，所设计方法的误差相对更小。图 3-18 为两种方法对应的控制输入，

可以看出所设计方法的控制输入更小。因此，与文献[142]的方法相比，所设计方法保守性更小，对误差具有更好的鲁棒性。

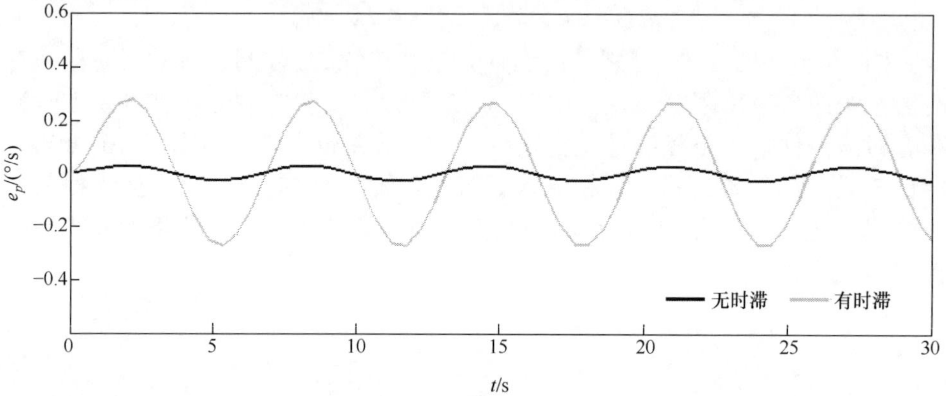

(a) 滚转角速率误差

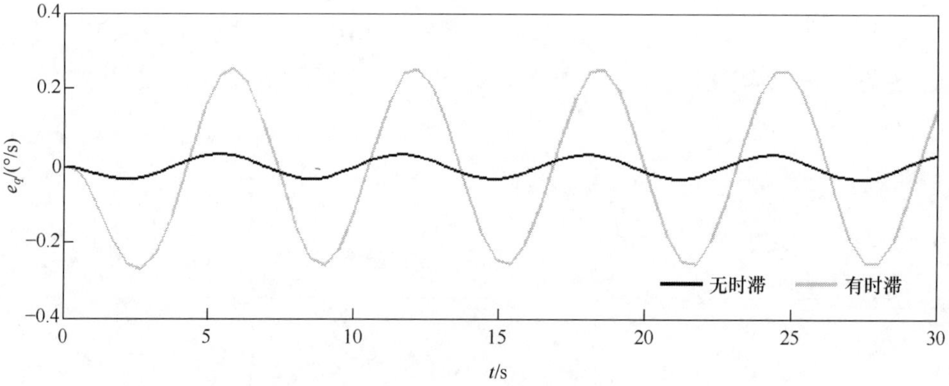

(b) 俯仰角速率误差

图 3-16 传统方法的角速率误差

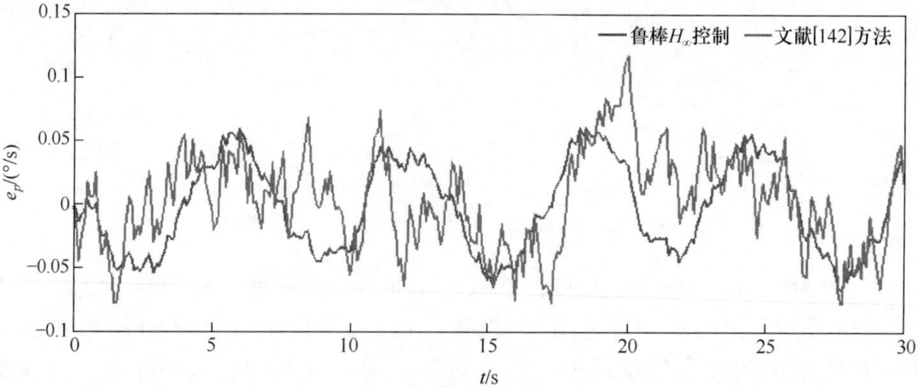

(a) 滚转角速率误差

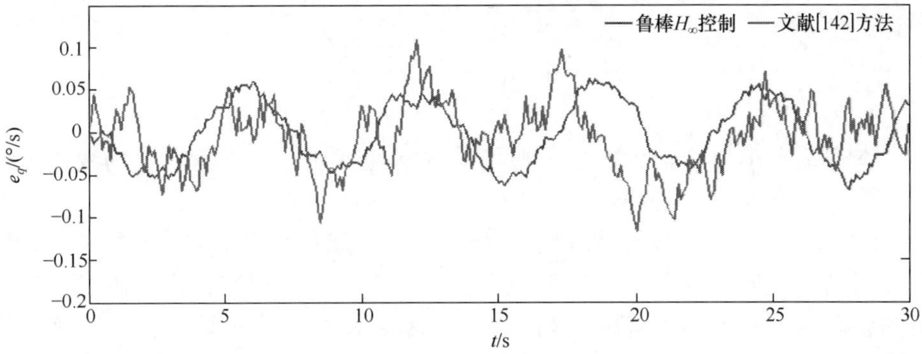

(b) 俯仰角速率误差

图 3-17　角速率误差曲线(见彩图)

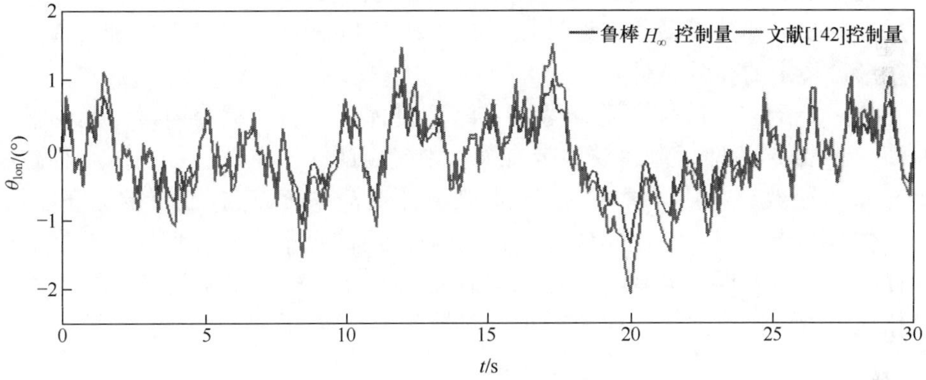

(a) 纵向周期变距输入量

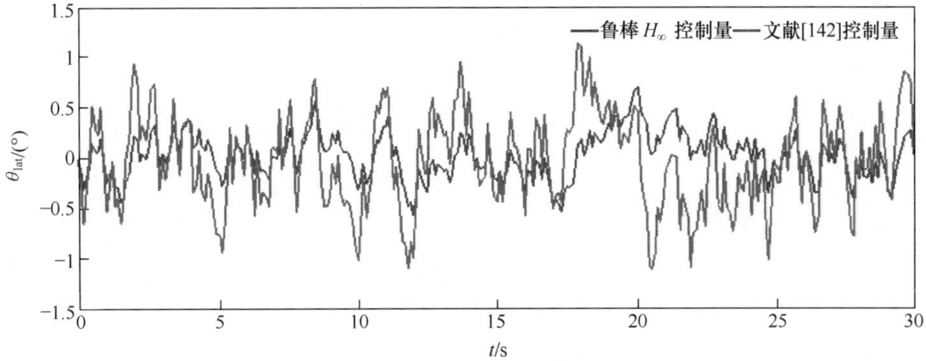

(b) 横向周期变距输入量

图 3-18　控制输入(见彩图)

综合以上仿真结果分析可得，在存在模型不确定、外部干扰以及输入时滞的条件下，设计的 H_∞ 控制方法具有更好的跟踪性能，鲁棒性较强。

3.6 本章小结

本章基于小型共轴无人直升机不同水平速度对应的平衡点处的线性化模型，设计了鲁棒 H_∞ 控制器。

(1) 基于小扰动理论，得到了不同水平速度飞行状态下的线性模型，采用带有不确定模型参数的摄动模型统一描述多个线性化模型，将多个线性化模型的状态矩阵和控制矩阵的平均值作为标称系统的状态矩阵和控制矩阵，将不同平衡点处的线性化模型与标称模型的偏差视为模型摄动。

(2) 为了降低控制器的复杂程度，考虑 SCUH 的模型特点，将全状态模型分解为水平速度模块、高度-航向模块、滚转-俯仰模块 3 个耦合较弱的子模块。然后，对 3 个低阶模型分别设计控制器，基于 Lyapunov 稳定性定理，得到了系统渐进稳定的充分条件。

(3) 对于滚转-俯仰通道，考虑忽略旋翼挥舞动态过程等因素引起的输入时滞，将滚转-俯仰通道建模为带有模型不确定的时滞系统，提出了一种减小 Lyapunov 函数导数估计误差的方法，改善了时滞系统 H_∞ 控制器的保守性。

仿真结果表明，提出的 H_∞ 控制方法对于不同水平速度飞行具有较好的鲁棒性，而且对外界扰动具有一定的抑制能力。对于滚转-俯仰通道，与已有结果相比，所设计方法控制误差较小，对模型不确定的鲁棒性更好。

第 4 章　基于自适应反步控制的 SCUH 姿态控制

4.1　引　言

SCUH 的控制可以分为姿态控制和轨迹控制，姿态控制是小型共轴无人直升机飞行控制的前提和基础。在姿态控制基础上，加入位置控制实现轨迹飞行，最后才能实现自主飞行。因此，要实现 SCUH 的自主飞行，首先要稳定其姿态。旋翼的挥舞运动对 SCUH 姿态影响较大，而挥舞运动建模难度较大，控制器设计中常常将其视为准稳态。为了降低模型的复杂度，常常需要适当的简化，这些因素造成了建模时存在误差。而且，实际飞行环境中，不可避免地存在未知扰动。建模误差和外部扰动会对 SCUH 的实际飞行性能产生较大的影响。

第 3 章基于小型共轴无人直升机不同水平速度下的线性化模型，提出了一种用于不同速度下水平飞行的鲁棒 H_∞ 控制方法。与传统 H_∞ 控制方法相比，虽然设计的控制器具有较好的鲁棒性和一定的干扰抑制能力，但该控制方法仍然基于平衡点处的线性化模型。由仿真可以看出，仍然存在着一定的跟踪控制误差，而且干扰环境下控制器性能有所下降。

随着非线性理论的不断发展，学者们提出了许多非线性控制方法，并将其应用到小型无人直升机的控制器设计中。非线性控制器直接基于非线性模型进行设计，因此一般在大范围内都具有较好的控制性能。目前，常用的非线性控制方法包括反馈线性化[150]、反步控制[151,152]、滑模控制[153]、动态预测控制[154]、神经网络[155]等。其中，反步法能够充分利用已建模的非线性特性，设计的控制器对全包线飞行具有良好的控制效果。Mahony 等[83]成功地将反步法应用于简化的小型无人直升机模型中，并分析了该方法的鲁棒性问题。Lee 等[156]研究了小型无人直升机模型参数变化时的反步法控制问题。文献[157]和文献[158]都研究了参数未知情况下的小型无人直升机自适应反步法控制器设计方法。但是，以上研究均未考虑外界干扰的影响，存在干扰时这些方法都无法保证良好的跟踪性能。

基于扰动观测器的控制方法[159-161]是一类直接采用前馈技术补偿扰动量的控制方法，对系统扰动具有很好的鲁棒性。该方法主要有两个优点：一是能够直接补偿系统的扰动量，二是不影响原始控制方法的控制性能。

本章结合扰动观测器和反步控制设计了 SCUH 姿态控制器，建立了含有未建模动态和外部扰动的姿态模型；采用径向基函数神经网络(RBFNN)对模型未建模动态进行自适应估计；对 RBFNN 估计误差和外界干扰，设计了干扰观测器对扰动实时估计；结合扰动估计和反步法设计了控制器。选择合适的控制器和干扰观测器参数，根据 Lyapunov 稳定性定理证明了该控制器能够使得姿态系统渐进稳定。仿真结果表明，设计的姿态控制器能够有效地抑制扰动，具有较高的姿态跟踪精度。

4.2　姿态控制模型

本节结合干扰估计和反步法设计自适应反步控制律。由于只是针对姿态模型设计反步控制器，无须对虚拟控制器求高阶导数，所以“微分爆炸”现象并不明显。根据 SCUH 的转动动力学模型，得到如下姿态模型

$$\dot{\boldsymbol{\Theta}}_1 = \boldsymbol{H}_1(\boldsymbol{\Theta}_1)\boldsymbol{\omega}_1 = \begin{bmatrix} 1 & \sin\phi\tan\theta \\ 0 & \cos\phi \end{bmatrix}\begin{bmatrix} p \\ q \end{bmatrix} + \begin{bmatrix} \cos\phi\tan\theta \\ -\sin\phi \end{bmatrix} r \tag{4-1}$$

$$\begin{bmatrix} \dot{p} \\ \dot{q} \end{bmatrix} = \begin{bmatrix} \dfrac{J_y - J_z}{J_x} qr \\ \dfrac{J_z - J_x}{J_y} pr \end{bmatrix} + \begin{bmatrix} \dfrac{\tau_\phi}{J_x} \\ \dfrac{\tau_\theta}{J_y} \end{bmatrix} \tag{4-2}$$

其中，$\boldsymbol{\Theta}_1 = [\phi,\theta]^{\mathrm{T}}$，$\boldsymbol{\omega}_1 = [p,q]^{\mathrm{T}}$，$\tau_\phi$ 和 τ_θ 分别为滚转和俯仰力矩，J_x、J_y 和 J_z 为转动惯量。

由上两式可知，姿态模型的建模误差来自滚转和俯仰力矩的建模误差以及转动惯量的测量误差。SCUH 的滚转和俯仰力矩主要由上、下两副旋翼提供，利用下式近似计算

$$\begin{bmatrix} \tau_\phi \\ \tau_\theta \end{bmatrix} \approx \begin{bmatrix} f_{1y}h_1 + f_{2y}h_2 \\ -f_{1x}h_1 - f_{2x}h_2 \end{bmatrix} + \begin{bmatrix} -Q_1\beta_{1c} + Q_2\beta_{2c} \\ Q_1\beta_{1s} - Q_2\beta_{2s} \end{bmatrix} \tag{4-3}$$

其中，f_{ix} 和 f_{iy} 分别为旋翼拉力的前向分量和右向分量；Q_i 为旋翼反扭矩；h_i 为旋翼中心距离机体重心的高度；β_{ic} 和 β_{is} 分别为旋翼的纵向和横向挥舞角；$i=1$ 代表下旋翼，$i=2$ 代表上旋翼。相关参数可以表达如下

$$\begin{bmatrix} f_{ix} \\ f_{ij} \end{bmatrix} \approx \begin{bmatrix} -T_i\beta_{ic} \\ T_i\beta_{is} \end{bmatrix} \tag{4-4}$$

$$\begin{bmatrix} \beta_{ic} \\ \beta_{is} \end{bmatrix} \approx \begin{bmatrix} -\tau_i q \\ -\tau_i p \end{bmatrix} + \begin{bmatrix} A_i\delta_{ic} \\ B_i\delta_{is} \end{bmatrix} \tag{4-5}$$

$$T_i = C_{T_i} \cdot \rho_{\mathrm{air}}(\Omega_{\mathrm{mr}}R)^2 S_i / 2 \tag{4-6}$$

$$Q_i = C_{Q_i} \cdot \rho_{\text{air}} (\Omega_{\text{mr}} R)^2 R S_i / 2 \tag{4-7}$$

其中，T_i 为旋翼拉力；C_{T_i} 和 C_{Q_i} 分别为升力系数和反扭矩系数；ρ_{air} 为空气密度；Ω_{mr} 为旋翼转速；R 为旋翼半径；S_i 为桨盘面积；τ_i 为旋翼挥舞时间常数；A_i、B_i 分别为纵向和横向操纵输入比例系数；δ_{ic}、δ_{is} 分别为旋翼纵向和横向周期变距输入。

由于旋翼挥舞角无法测量而且很小，假设上、下旋翼挥舞角对应相等，并考虑桨毂刚度系数 k_β 和建模误差，由式(4-3)～式(4-7)可得滚转和俯仰力矩的表达形式如下

$$\begin{bmatrix} \tau_\phi \\ \tau_\theta \end{bmatrix} = \boldsymbol{A}_\Theta \begin{bmatrix} p \\ q \end{bmatrix} + \boldsymbol{B}_\Theta \begin{bmatrix} \delta_c \\ \delta_s \end{bmatrix} + \boldsymbol{\tau}_d \tag{4-8}$$

其中，$\boldsymbol{A}_\Theta$ 和 $\boldsymbol{B}_\Theta$ 是与直升机拉力和结构参数有关的参数，$\boldsymbol{\tau}_d$ 是力矩建模误差。

选取状态变量和控制量 $\boldsymbol{x}_1 = [\phi, \theta]^{\text{T}}$，$\boldsymbol{x}_2 = [p, q]^{\text{T}}$，$\boldsymbol{x} = [\boldsymbol{x}_1^{\text{T}}, \boldsymbol{x}_2^{\text{T}}]^{\text{T}}$，$\boldsymbol{u} = [\delta_{\text{c}}, \delta_{\text{s}}]^{\text{T}}$，由式(4-1)、式(4-2)和式(4-8)可得如下姿态控制模型

$$\begin{cases} \dot{\boldsymbol{x}}_1 = \boldsymbol{g}_1(\boldsymbol{x}_1)\boldsymbol{x}_2 + \boldsymbol{\Omega}_1 \\ \dot{\boldsymbol{x}}_2 = \boldsymbol{f}_2 \boldsymbol{x}_2 + \boldsymbol{g}_2 \boldsymbol{u} + \boldsymbol{\Omega}_2 + \boldsymbol{\tau}_d + \boldsymbol{d}_\Theta \end{cases} \tag{4-9}$$

其中，$\boldsymbol{d}_\Theta$ 为外部扰动，将 $\boldsymbol{d}_\Theta$ 和 $\boldsymbol{\tau}_d$ 统称为系统扰动。$\boldsymbol{g}_1(\boldsymbol{x}_1) = \begin{bmatrix} 1 & \sin\phi\tan\theta \\ 0 & \cos\phi \end{bmatrix}$；$\boldsymbol{\Omega}_1 = \begin{bmatrix} \cos\phi\tan\theta \\ -\sin\phi \end{bmatrix} r$；$\boldsymbol{f}_2 = \boldsymbol{J}_\Theta^{-1} \boldsymbol{A}_\Theta$；$\boldsymbol{g}_2 = \boldsymbol{J}_\Theta^{-1} \boldsymbol{B}_\Theta$；$\boldsymbol{\Omega}_2 = \boldsymbol{J}_\Theta^{-1} \begin{bmatrix} (J_y - J_z) qr \\ (J_z - J_z) pr \end{bmatrix}$；$\boldsymbol{J}_\Theta = \text{diag}(J_x, J_y)$。

4.3　系统扰动估计

在控制模型(4-9)中，系统扰动 $\boldsymbol{d}_\Theta$ 和 $\boldsymbol{\tau}_d$ 不可测，需要对其进行估计，从而设计适当的反步控制律对扰动进行补偿，提高控制器的鲁棒性。

神经网络对未知量具有良好的估计性能，这里采用 RBFNN 对未知的系统未建模动态 $\boldsymbol{\tau}_d$ 进行逼近[160]。

令

$$L_\tau \boldsymbol{\tau}_d = \boldsymbol{W}^{\text{T}} \boldsymbol{\varphi}(\boldsymbol{X}) + \boldsymbol{\varepsilon} \tag{4-10}$$

其中，$\boldsymbol{\varphi}(\boldsymbol{X}) = [\varphi_1(\boldsymbol{X}), \cdots, \varphi_k(\boldsymbol{X})]^{\text{T}}$ 为径向基神经网络的基函数。

$$\varphi_i(\boldsymbol{X})=\exp\left[-\frac{(\boldsymbol{X}-\boldsymbol{v}_i)^{\mathrm{T}}(\boldsymbol{X}-\boldsymbol{v}_i)}{\sigma_i^2}\right],\quad i=1,\cdots,k \tag{4-11}$$

其中，$\boldsymbol{v}_i$ 和 σ_i 为径向基函数的中心和半径，$\boldsymbol{X}=[\boldsymbol{x}^{\mathrm{T}},\boldsymbol{u}^{\mathrm{T}}]^{\mathrm{T}}$ 为神经网络输入向量，$\boldsymbol{W}$ 为最佳权值向量，$\boldsymbol{\varepsilon}$ 为 $L_\tau\boldsymbol{\tau}_d$ 估计误差，满足 $\|\boldsymbol{\varepsilon}\|\leqslant\bar{\varepsilon}$，$\bar{\varepsilon}>0$ 为估计误差上界。$L_\tau>0$ 为设计参数。

由式(4-10)可得扰动力矩的估计值和估计误差为

$$\hat{\boldsymbol{\tau}}_d=L_\tau^{-1}\hat{\boldsymbol{W}}^{\mathrm{T}}\boldsymbol{\varphi}(\boldsymbol{X}) \tag{4-12}$$

$$\boldsymbol{\tau}_d-\hat{\boldsymbol{\tau}}_d=L_\tau^{-1}(\tilde{\boldsymbol{W}}^{\mathrm{T}}\boldsymbol{\varphi}(\boldsymbol{X})+\boldsymbol{\varepsilon}) \tag{4-13}$$

其中，$\tilde{\boldsymbol{W}}=\boldsymbol{W}-\hat{\boldsymbol{W}}$，$\hat{\boldsymbol{W}}$ 为最佳权值 $\boldsymbol{W}$ 的估计值，$\tilde{\boldsymbol{W}}$ 为最佳权值 $\boldsymbol{W}$ 的估计误差。

由式(4-9)～式(4-10)和式(4-12)～式(4-13)可得

$$\dot{\boldsymbol{x}}_2=\boldsymbol{f}_2\boldsymbol{x}_2+\boldsymbol{g}_2\boldsymbol{u}+\boldsymbol{\Omega}_2+L_\tau^{-1}\hat{\boldsymbol{W}}^{\mathrm{T}}\boldsymbol{\varphi}(\boldsymbol{X})+\boldsymbol{D} \tag{4-14}$$

其中，$\boldsymbol{D}=L_\tau^{-1}(\tilde{\boldsymbol{W}}^{\mathrm{T}}\boldsymbol{\varphi}(\boldsymbol{X})+\boldsymbol{\varepsilon})+\boldsymbol{d}_\Theta$ 为复合干扰。

对复合扰动 $\boldsymbol{D}$ 做如下假设：$\boldsymbol{D}$ 存在 $1\sim k(k\geqslant1)$ 阶导数，且第 k 阶导数有界，$\boldsymbol{D}^{(k)}(t)\leqslant D_k$，$t\to\infty\Rightarrow\boldsymbol{D}^{(k)}(t)\to0$。

对 $\boldsymbol{D}$ 设计如下干扰观测器

$$\begin{cases}\dot{\xi}_1=\boldsymbol{\Omega}+\xi_2+l_1(\boldsymbol{x}_2-\xi_1)\\ \dot{\xi}_2=\xi_3+l_2(\boldsymbol{x}_2-\xi_1)\\ \cdots\\ \dot{\xi}_k=\xi_{k+1}+l_k(\boldsymbol{x}_2-\xi_1)\\ \dot{\xi}_{k+1}=l_{k+1}(\boldsymbol{x}_2-\xi_1)\end{cases} \tag{4-15}$$

其中，$\xi_i(i=1,2,\cdots,k+1)$ 分别为 $\boldsymbol{x}_2$ 和 $\boldsymbol{D}$ 及其各阶导数的估计值；$l_i(i=1,2,\cdots,k+1)$ 为观测器增益；$\boldsymbol{\Omega}=\boldsymbol{f}_2\boldsymbol{x}_2+\boldsymbol{g}_2\boldsymbol{u}+\boldsymbol{\Omega}_2+L_\tau^{-1}\hat{\boldsymbol{W}}^{\mathrm{T}}\boldsymbol{\varphi}(\boldsymbol{X})$。

对观测器估计误差进行分析。

定义估计误差

$$\begin{cases}\boldsymbol{e}_1=\boldsymbol{x}_2-\xi_1\\ \boldsymbol{e}_i=\boldsymbol{D}^{(i-2)}-\xi_i\end{cases},\quad i=2,\cdots,k+1 \tag{4-16}$$

则误差动态方程为

$$\begin{cases}\dot{\boldsymbol{e}}_1=\boldsymbol{e}_2-l_1\boldsymbol{e}_1\\ \cdots\\ \dot{\boldsymbol{e}}_k=\boldsymbol{e}_{k+1}-l_k\boldsymbol{e}_1\\ \dot{\boldsymbol{e}}_{k+1}=\boldsymbol{D}^{(k)}-l_{k+1}\boldsymbol{e}_1\end{cases} \tag{4-17}$$

即

$$\dot{\boldsymbol{e}} = \boldsymbol{A}_e + \boldsymbol{u}_e \tag{4-18}$$

其中，$\boldsymbol{A}_e = \begin{bmatrix} -l_1 & 1 & \cdots & 0 \\ \vdots & \vdots & & \vdots \\ -l_k & 0 & \cdots & 1 \\ -l_{k+1} & 0 & \cdots & 0 \end{bmatrix}$，$\boldsymbol{u}_e = \left[0,\cdots,0,\boldsymbol{D}^{(k)}\right]^{\mathrm{T}}$。

选择合适的观测器增益参数 $l_i(i=1,2,\cdots,k+1)$，使得 $\boldsymbol{A}_e$ 为 Hurwitz 矩阵，则误差系统稳定，且对任意正定矩阵 $\boldsymbol{Q}>0$，存在正定矩阵 $\boldsymbol{P}>0$ 满足 $\boldsymbol{A}_e^{\mathrm{T}}\boldsymbol{P}+\boldsymbol{P}\boldsymbol{A}_e=-\boldsymbol{Q}$。

选择如下 Lyapunov 函数

$$V(\boldsymbol{e}) = \boldsymbol{e}^{\mathrm{T}}\boldsymbol{P}\boldsymbol{e} \tag{4-19}$$

将式(4-19)沿着误差方程式(4-18)求导，可得

$$\begin{aligned} \dot{V}(\boldsymbol{e}) &= \dot{\boldsymbol{e}}^{\mathrm{T}}\boldsymbol{P}\boldsymbol{e} + \dot{\boldsymbol{e}}^{\mathrm{T}}\boldsymbol{P}\boldsymbol{e} = \boldsymbol{e}^{\mathrm{T}}(\boldsymbol{A}_e^{\mathrm{T}}\boldsymbol{P}+\boldsymbol{P}\boldsymbol{A}_e)\boldsymbol{e} + 2\boldsymbol{e}^{\mathrm{T}}\boldsymbol{P}u_e \\ &= -\boldsymbol{e}^{\mathrm{T}}\boldsymbol{Q}\boldsymbol{e} + 2\boldsymbol{e}^{\mathrm{T}}\boldsymbol{P}u_e \leqslant -\lambda_{\min}(\boldsymbol{Q})\|\boldsymbol{e}\|^2 + 2\lambda_{\max}(\boldsymbol{P})\|\boldsymbol{e}\|D_k \end{aligned} \tag{4-20}$$

当 $\|\boldsymbol{e}\| > \dfrac{2\lambda_{\max}(\boldsymbol{P})D_k}{\lambda_{\min}(\boldsymbol{Q})}$ 时，$-\lambda_{\min}(\boldsymbol{Q})\|\boldsymbol{e}\|^2 + 2\lambda_{\max}(\boldsymbol{P})\|\boldsymbol{e}\|D_k < 0$，此时 $\dot{V}(\boldsymbol{e})<0$。所以，观测器误差有界，满足 $\|\boldsymbol{e}\| \leqslant \dfrac{2\lambda_{\max}(\boldsymbol{P})D_k}{\lambda_{\min}(\boldsymbol{Q})}$。

4.4　控制律设计

令系统输出为 $\boldsymbol{y}=\boldsymbol{x}_1$，控制目标为设计适当的控制律，使得实际输出能够有效跟踪给定的期望姿态 $\boldsymbol{y}_r$。控制律设计过程如下

(1) 定义误差变量

$$\begin{cases} z_1 = \boldsymbol{x}_1 - \boldsymbol{y}_r \\ z_2 = \boldsymbol{x}_2 - \boldsymbol{\alpha}_1 \end{cases} \tag{4-21}$$

其中，$\boldsymbol{\alpha}_1$ 为虚拟控制量。

对误差 z_1 求导可得

$$\begin{aligned} \dot{z}_1 &= \dot{\boldsymbol{x}}_1 - \dot{\boldsymbol{y}}_r = \boldsymbol{g}_1(\boldsymbol{x}_1)\boldsymbol{x}_2 + \boldsymbol{\Omega}_1 - \dot{\boldsymbol{y}}_r \\ &= \boldsymbol{g}_1(\boldsymbol{x}_1)(z_2+\boldsymbol{\alpha}_1) + \boldsymbol{\Omega}_1 - \dot{\boldsymbol{y}}_r \end{aligned} \tag{4-22}$$

选取如下 Lyapunov 函数

$$V_1 = \frac{1}{2}z_1^{\mathrm{T}}z_1 \tag{4-23}$$

对 V_1 求导可得

$$\dot{V}_1 = \boldsymbol{z}_1^{\mathrm{T}} \dot{\boldsymbol{z}}_1 = \boldsymbol{z}_1^{\mathrm{T}} (\boldsymbol{g}_1(x_1)(z_2 + \boldsymbol{\alpha}_1) + \boldsymbol{\Omega}_1 - \dot{\boldsymbol{y}}_r) \tag{4-24}$$

设计虚拟控制量 $\boldsymbol{\alpha}_1$ 为如下形式

$$\boldsymbol{\alpha}_1 = -(\boldsymbol{g}_1(\boldsymbol{x}_1))^{-1}(c_1 \boldsymbol{z}_1 - \dot{\boldsymbol{y}}_r + \boldsymbol{\Omega}_1) \tag{4-25}$$

将式(4-25)代入式(4-24)，可得

$$\dot{V}_1 = -c_1 \boldsymbol{z}_1^{\mathrm{T}} \boldsymbol{z}_1 + \boldsymbol{z}_1^{\mathrm{T}} \boldsymbol{g}_1(\boldsymbol{x}_1) \boldsymbol{z}_2 \tag{4-26}$$

其中，耦合项 $\boldsymbol{z}_1^{\mathrm{T}} \boldsymbol{g}_1(\boldsymbol{x}_1) \boldsymbol{z}_2$ 将在下一步设计中加以处理。

(2) 考虑如下 Lyapunov 函数

$$V_2 = V_1 + \frac{1}{2} \boldsymbol{z}_2^{\mathrm{T}} \boldsymbol{z}_2 \tag{4-27}$$

对 $\boldsymbol{V}_2$ 求导可得

$$\dot{V}_2 = \dot{V}_1 + \boldsymbol{z}_2^{\mathrm{T}} \dot{\boldsymbol{z}}_2 = \dot{V}_1 + \boldsymbol{z}_2^{\mathrm{T}} (\dot{\boldsymbol{x}}_2 - \dot{\boldsymbol{\alpha}}_1) \tag{4-28}$$

将式(4-14)代入式(4-28)可得

$$\dot{V}_2 = \dot{V}_1 + \boldsymbol{z}_2^{\mathrm{T}} (\boldsymbol{f}_2 \boldsymbol{x}_2 + \boldsymbol{g}_2 \boldsymbol{u} + \boldsymbol{\Omega}_2 + L_\tau^{-1} \hat{\boldsymbol{W}}^{\mathrm{T}} \boldsymbol{\varphi}(\boldsymbol{X}) + \boldsymbol{D} - \dot{\boldsymbol{\alpha}}_1) \tag{4-29}$$

设计控制律 $\boldsymbol{u}$ 为如下形式

$$\boldsymbol{u} = -\boldsymbol{g}_2^{-1} (\boldsymbol{f}_2 \boldsymbol{x}_2 + \boldsymbol{\Omega}_2 - \dot{\boldsymbol{\alpha}}_1 + c_2 \boldsymbol{z}_2 + L_\tau^{-1} \hat{\boldsymbol{W}}^{\mathrm{T}} \boldsymbol{\varphi}(\boldsymbol{X}) + \hat{\boldsymbol{D}} + \boldsymbol{g}_1^{\mathrm{T}}(\boldsymbol{x}_1) \boldsymbol{z}_1) \tag{4-30}$$

将式(4-26)和式(4-30)代入式(4-29)可得

$$\dot{V}_2 \leqslant -c_1 \boldsymbol{z}_1^{\mathrm{T}} \boldsymbol{z}_1 - c_2 \boldsymbol{z}_2^{\mathrm{T}} \boldsymbol{z}_2 + \boldsymbol{z}_2^{\mathrm{T}} \tilde{\boldsymbol{D}} \tag{4-31}$$

考虑系统所有误差信号的收敛性，选择如下 Lyapunov 函数

$$V = V_2 + \frac{1}{2} \operatorname{tr} (\tilde{\boldsymbol{W}}^{\mathrm{T}} \boldsymbol{\Lambda}^{-1} \tilde{\boldsymbol{W}}) \tag{4-32}$$

其中，$\boldsymbol{\Lambda} = \boldsymbol{\Lambda}^{\mathrm{T}} > 0$ 为待设计参数。

对 V 求导可得

$$\dot{V} \leqslant -c_1 \boldsymbol{z}_1^{\mathrm{T}} \boldsymbol{z}_1 - c_2 \boldsymbol{z}_2^{\mathrm{T}} \boldsymbol{z}_2 + \boldsymbol{z}_2^{\mathrm{T}} \tilde{\boldsymbol{D}} + \operatorname{tr}(\tilde{\boldsymbol{W}}^{\mathrm{T}} \boldsymbol{\Lambda}^{-1} \dot{\tilde{\boldsymbol{W}}}) \tag{4-33}$$

设计神经网络权值自适应律为

$$\dot{\hat{\boldsymbol{W}}} = \boldsymbol{\Lambda}(L_\tau^{-1} \boldsymbol{\varphi}(\boldsymbol{X}) \boldsymbol{z}_2^{\mathrm{T}} - \sigma_0 \hat{\boldsymbol{W}}) \tag{4-34}$$

其中，$\sigma_0 > 0$ 为设计参数。

由 $\hat{\boldsymbol{W}} = \boldsymbol{W} - \hat{\boldsymbol{W}}$ 和式(4-34)可得

$$\begin{aligned}\operatorname{tr}\left(\tilde{\boldsymbol{W}}^{\mathrm{T}}\boldsymbol{\Lambda}^{-1}\dot{\tilde{\boldsymbol{W}}}\right)&=\operatorname{tr}\left(-\tilde{\boldsymbol{W}}^{\mathrm{T}}\boldsymbol{\Lambda}^{-1}\dot{\hat{\boldsymbol{W}}}\right)\\&=\operatorname{tr}\left(-\tilde{\boldsymbol{W}}^{\mathrm{T}}\left(L_{\tau}^{-1}\boldsymbol{\varphi}(\boldsymbol{X})\boldsymbol{z}_2^{\mathrm{T}}-\sigma_0\hat{\boldsymbol{W}}\right)\right)\\&=\operatorname{tr}\left(-L_{\tau}^{-1}\tilde{\boldsymbol{W}}^{\mathrm{T}}\boldsymbol{\varphi}(\boldsymbol{X})\boldsymbol{z}_2^{\mathrm{T}}\right)+\operatorname{tr}\left(\sigma_0\tilde{\boldsymbol{W}}^{\mathrm{T}}\hat{\boldsymbol{W}}\right)\\&=\operatorname{tr}\left(-L_{\tau}^{-1}\boldsymbol{z}_2^{\mathrm{T}}\tilde{\boldsymbol{W}}^{\mathrm{T}}\boldsymbol{\varphi}(\boldsymbol{X})\right)+\sigma_0\operatorname{tr}\left(\tilde{\boldsymbol{W}}^{\mathrm{T}}\hat{\boldsymbol{W}}\right)\\&=-L_{\tau}^{-1}\boldsymbol{z}_2^{\mathrm{T}}\tilde{\boldsymbol{W}}^{\mathrm{T}}\boldsymbol{\varphi}(\boldsymbol{X})+\sigma_0\operatorname{tr}\left(\tilde{\boldsymbol{W}}^{\mathrm{T}}\hat{\boldsymbol{W}}\right)\end{aligned}\tag{4-35}$$

考虑如下事实

$$\begin{aligned}\operatorname{tr}\left(\tilde{\boldsymbol{W}}^{\mathrm{T}}\hat{\boldsymbol{W}}\right)&=\frac{1}{2}\operatorname{tr}\left(\boldsymbol{W}^{\mathrm{T}}\boldsymbol{W}-\tilde{\boldsymbol{W}}^{\mathrm{T}}\tilde{\boldsymbol{W}}-\hat{\boldsymbol{W}}^{\mathrm{T}}\hat{\boldsymbol{W}}\right)\\&\leqslant\frac{1}{2}\|\boldsymbol{W}\|^2-\frac{1}{2}\|\tilde{\boldsymbol{W}}\|^2\end{aligned}\tag{4-36}$$

和

$$\boldsymbol{z}_2^{\mathrm{T}}\tilde{\boldsymbol{D}}\leqslant\frac{1}{2}\zeta_1\boldsymbol{z}_2^{\mathrm{T}}\boldsymbol{z}_2+\frac{1}{2\zeta_1}\tilde{\boldsymbol{D}}^{\mathrm{T}}\tilde{\boldsymbol{D}}\tag{4-37}$$

$$-\boldsymbol{z}_2^{\mathrm{T}}\tilde{\boldsymbol{W}}^{\mathrm{T}}\boldsymbol{\varphi}(\boldsymbol{X})\leqslant\frac{1}{2}\zeta_2\boldsymbol{z}_2^{\mathrm{T}}\boldsymbol{z}_2+\frac{1}{2\zeta_2}\bar{\rho}^2\|\tilde{\boldsymbol{W}}\|^2\tag{4-38}$$

其中，$\zeta_1>0$，$\zeta_2>0$ 为设计参数，$\|\boldsymbol{\varphi}(\boldsymbol{X})\|\leqslant\bar{\rho}$。

将式(4-36)～式(4-38)代入式(4-33)可得

$$\begin{aligned}\dot{V}\leqslant&-c_1\boldsymbol{z}_1^{\mathrm{T}}\boldsymbol{z}_1-\left(c_2-\frac{1}{2}\zeta_1-\frac{1}{2}L_{\tau}^{-1}\zeta_2\right)\boldsymbol{z}_2^{\mathrm{T}}\boldsymbol{z}_2-\frac{1}{2}\left(\sigma_0-\frac{1}{\zeta_2}L_{\tau}^{-1}\bar{\rho}^2\right)\|\tilde{\boldsymbol{W}}\|^2\\&+\frac{1}{2}\sigma_0\|\boldsymbol{W}\|^2+\frac{1}{2\zeta_1}\tilde{\boldsymbol{D}}^{\mathrm{T}}\tilde{\boldsymbol{D}}\end{aligned}\tag{4-39}$$

为了保证系统的稳定性，选择控制器设计参数满足以下条件

$$\begin{cases}c_1>0\\c_2-\dfrac{1}{2}\zeta_1-\dfrac{1}{2}L_{\tau}^{-1}\zeta_2>0\\\sigma_0-\dfrac{1}{\zeta_2}L_{\tau}^{-1}\bar{\rho}^2>0\end{cases}\tag{4-40}$$

考虑如下事实

$$\operatorname{tr}\left(\tilde{\boldsymbol{W}}^{\mathrm{T}}\boldsymbol{\Lambda}^{-1}\tilde{\boldsymbol{W}}\right)\leqslant\lambda_{\max}\left(\boldsymbol{\Lambda}^{-1}\right)\|\tilde{\boldsymbol{W}}\|^2\tag{4-41}$$

其中，$\lambda_{\max}(\cdot)$ 表示矩阵的最大特征值。

故有

$$\begin{aligned}\dot{V} \leqslant & -2c_1\left(\frac{1}{2}z_1^{\mathrm{T}}z_1\right)-2\left(c_2-\frac{1}{2}\zeta_1-\frac{1}{2}L_\tau^{-1}\zeta_2\right)\left(\frac{1}{2}z_2^{\mathrm{T}}z_2\right)\\ & -\frac{1}{\lambda_{\max}(\boldsymbol{\Lambda}^{-1})}\left(\sigma_0-\frac{1}{\zeta_2}L_\tau^{-1}\bar{\rho}^2\right)\left(\frac{1}{2}\mathrm{tr}\left(\tilde{\boldsymbol{W}}^{\mathrm{T}}\boldsymbol{\Lambda}^{-1}\tilde{\boldsymbol{W}}\right)\right)\\ & +\frac{1}{2}\sigma_0\|\boldsymbol{W}\|^2+\frac{1}{2\zeta_1}\tilde{\boldsymbol{D}}^{\mathrm{T}}\tilde{\boldsymbol{D}}\leqslant-\kappa V+C_0\end{aligned} \tag{4-42}$$

其中，$\kappa=\min\left\{2c_1,2\left(c_2-\frac{1}{2}\zeta_1-\frac{1}{2}L_\tau^{-1}\zeta_2\right),\frac{1}{\lambda_{\max}(\boldsymbol{\Lambda}^{-1})}\left(\sigma_0-\frac{1}{\zeta_2}L_\tau^{-1}\bar{\rho}^2\right)\right.$，$C_0=\frac{1}{2}\sigma_0\|\boldsymbol{W}\|^2+\frac{1}{2\zeta_1}\tilde{D}^2$。

由式(4-42)可得

$$0\leqslant V\leqslant C_0/\kappa+\left(V(0)-C_0/\kappa\right)\mathrm{e}^{-\kappa t} \tag{4-43}$$

因此，闭环系统信号一致最终有界，通过选择合适的控制器和干扰观测器参数可以保证系统状态量收敛到原点附近较小的邻域内。

4.5 仿真验证

本节通过仿真验证设计控制器的可行性。由于本章设计的是滚转和俯仰姿态跟踪控制器，而建立的控制模型中涉及了偏航角速度 r，参数 $\boldsymbol{A}_\Theta$ 和 $\boldsymbol{B}_\Theta$ 计算也需要用到拉力的大小。因此，仿真中假设上、下旋翼拉力和反扭矩等参数为常数，偏航角速度设置为 0。仿真所用模型参数如表 4-1 所示。

表 4-1 主要仿真参数

参数	数值
$\boldsymbol{A}_\Theta/\mathrm{s}^{-1}$	diag(−48.1757, −25.5048)
$\boldsymbol{B}_\Theta/\mathrm{s}^{-2}$	$\begin{bmatrix}0 & 1689.5\\ 894.5 & 0\end{bmatrix}$
$\boldsymbol{J}_\Theta/(\mathrm{kg\cdot m^2})$	diag(0.28,0.28)

控制器参数设置如表 4-2 所示。

表 4-2　控制器设计参数

参数	c_1	c_2	L_τ	σ_0	ζ_1	ζ_2	ρ	$\boldsymbol{\Lambda}$
数值	10	10	20	60	2	2	2	$5\boldsymbol{I}_{2\times 2}$

RBFNN 的参数设置为

$$\sigma_i = 1, \quad i = 1,2,\cdots,6$$

$$\boldsymbol{v}_i = [-0.03,-0.02,-0.01,0.01,0.02,0.03]^{\mathrm{T}}$$

干扰观测器选为 3 阶，观测器增益为

$$l_1 = 10\text{，}\ l_2 = 36\text{，}\ l_3 = 48$$

选取期望姿态角(单位：°)、外部干扰和模型不确定性如下

$$\boldsymbol{y}_r = \begin{bmatrix} 5^\circ \sin\left(1.5t + 20^\circ\right) \\ 5^\circ \cos\left(2t + 30^\circ\right) \end{bmatrix}$$

$$\boldsymbol{d}_\Theta = \begin{bmatrix} -0.4984\sin(1.6t + 40^\circ) \\ -0.4361\sin(1.8t + 30^\circ) \end{bmatrix}$$

$$\boldsymbol{\tau}_d = 0.3\begin{bmatrix} \sin\phi \\ \cos\theta \end{bmatrix}$$

系统初始状态设置为

$$\boldsymbol{x}_1 = [1.635,4.874]^{\mathrm{T}}\text{，}\ \boldsymbol{x}_2 = [0.01,0.02]^{\mathrm{T}}$$

为了验证设计控制器的良好性能，采用上一章的控制方法设计了鲁棒 H_∞ 控制器，将两者的控制结果做对比。仿真结果如图 4-1～图 4-6 所示。图 4-1 和图 4-2 为滚转角输出量及其跟踪误差曲线，可以看出所设计方法得到的滚转角与参考值基本重合，跟踪误差很小，而 H_∞ 控制器的跟踪误差最大达到 2°左右。图 4-3 和图 4-4 为俯仰角输出量及其跟踪误差曲线，可以看出所设计方法的跟踪误差在 0°附近

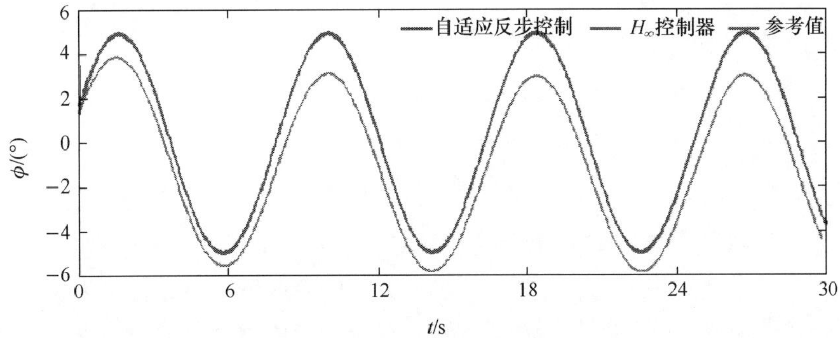

图 4-1　滚转角输出(见彩图)

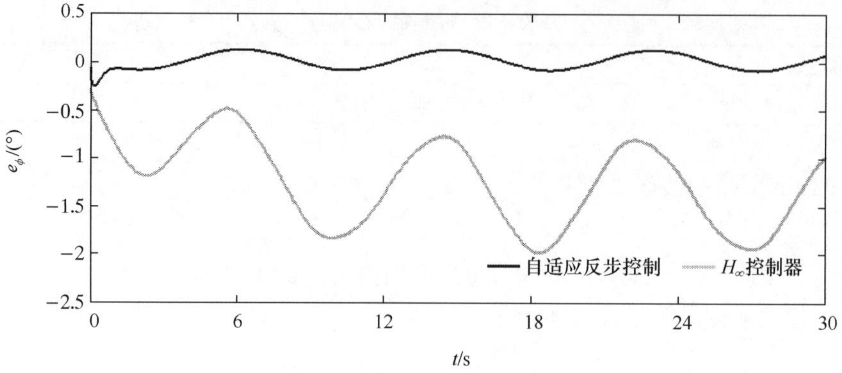

图 4-2 滚转角跟踪误差

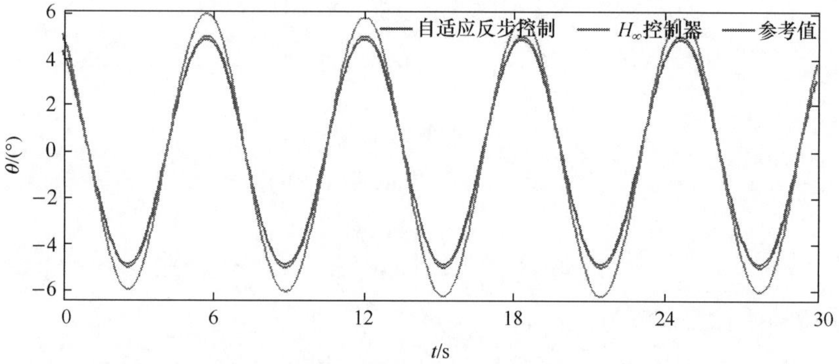

图 4-3 俯仰角输出(见彩图)

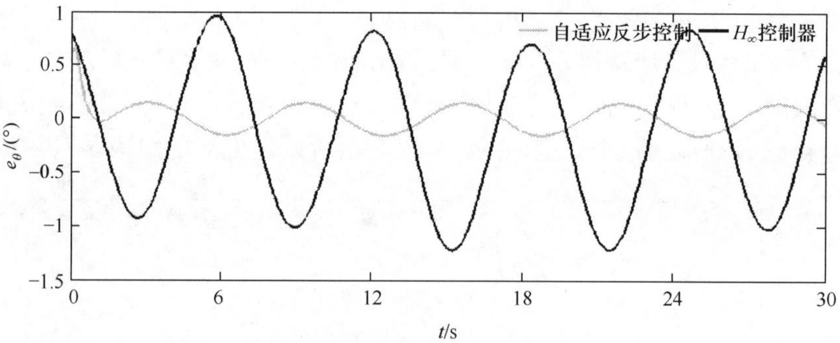

图 4-4 俯仰角跟踪误差

波动，最大不超过 0.2°，而 H_∞ 控制方法跟踪误差波动较大，最大值超过 1°。图 4-5 和图 4-6 为周期变距输入量，可知，所设计方法的控制输入有界且快速收敛到 0 附近很小的邻域内，与 H_∞ 控制器相比，输入量更小，因此能量消耗较少。通过以上分析可得，所设计的姿态控制器能够有效抑制外界扰动和模型不确定性，具有良好的姿态跟踪性能和较强的鲁棒性。

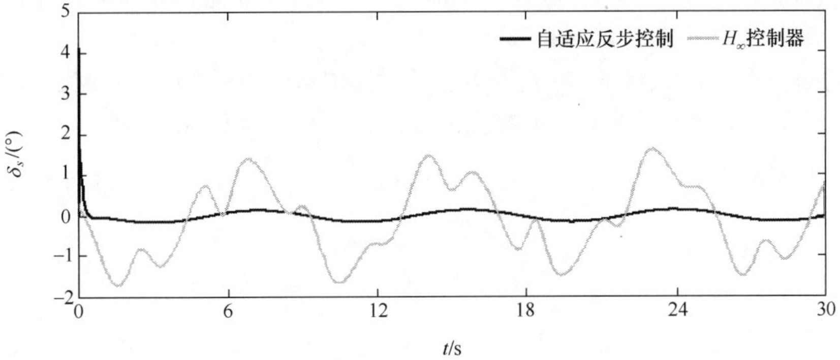

图 4-5　横向周期变距输入

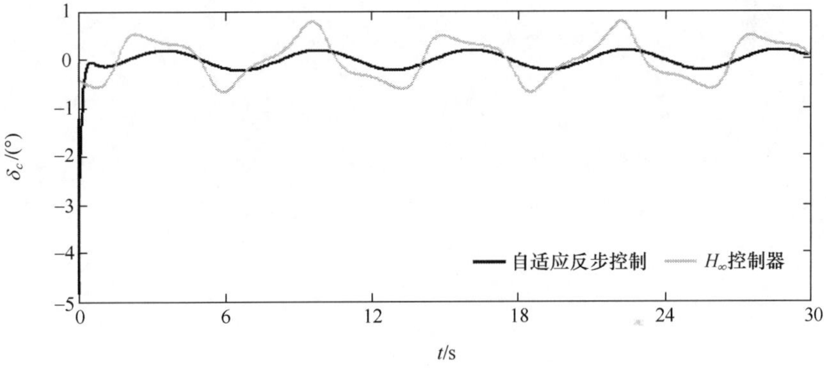

图 4-6　纵向周期变距输入

4.6　本 章 小 结

本章主要考虑了含有未建模动态和外部干扰的小型共轴无人直升机的姿态控制问题，提出了一种自适应反步法。该方法采用 RBFNN 对建模误差进行在线估计，RBFNN 的权值通过设计自适应律来选择，并采用干扰观测器对外界干扰进行估计，进而结合干扰估计基于反步法设计控制律，从而达到干扰补偿作用，减小姿态跟踪误差。

(1) 在建立简化的滚转和俯仰力矩的基础上，建立了包含模型未知动态和外部扰动的非线性模型，采用 RBFNN 对未建模动态进行估计。

(2) 将 RBFNN 的估计误差和外部扰动等效为复合扰动，设计了干扰观测器，并分析了观测器稳定性和估计误差。

(3) 结合未建模动态和外部扰动的估计，设计了自适应反步控制律，基于 Lyapunov 定理分析得到该方法能够保证 SCUH 姿态系统是鲁棒稳定的，而且跟踪误差一致收敛于零的一个小邻域内。

通过与第 3 章设计的 H_∞ 控制方法的对比仿真，验证了设计的控制器具有良好的姿态跟踪性能和鲁棒性，能够保证 SCUH 存在未建模动态和外部干扰时的姿态稳定控制。

第 5 章　基于滑模控制的 SCUH 轨迹跟踪控制

5.1 引　　言

小型共轴无人直升机的控制可以分为姿态控制和轨迹控制，轨迹控制为姿态控制提供参考指令[162]。第 4 章介绍了 SCUH 的姿态控制方法，本章对轨迹(包括位置和航向)跟踪控制器进行介绍。SCUH 的轨迹跟踪控制是航迹规划研究的基础，SCUH 控制力主要来自共轴旋翼，但共轴旋翼的气动力特性非常复杂，容易受到大气扰流的影响，如何设计对扰动具有较强鲁棒性的轨迹控制器是一个必须解决的问题。另外，挥舞运动使得内环滚转、俯仰运动与外环横向、纵向运动之间存在耦合，这也增加了位置控制器的设计难度。

在众多的非线性控制方法中，滑模控制方法深受科研工作人员的青睐，因为它对扰动具有非常独特的鲁棒性[163]。滑模控制的鲁棒性得益于它的开关控制特性，然而这一特性导致了控制量不连续。传统滑模控制要求控制器切换增益大于扰动的界，这会使系统产生较大的抖振现象，降低了控制系统的性能，甚至造成系统不稳定。Ginoya 等[93]设计了一种滑模控制方法能在一定程度上抑制扰动的影响，但是滑模变量只能收敛到期望滑模面附近，而不能收敛到滑模面，从而影响了对扰动的鲁棒性。高阶滑模控制方法能够将不连续的切换控制隐藏在积分作用中，因此其控制律是连续的，能够非常好地抑制抖振现象。但是，高阶滑模控制方法在设计的过程中不仅会用到滑模变量的信息，而且还会用到滑模变量的导数信息[164]，而滑模变量的导数是很难直接得到的。

将滑模控制方法与扰动观测器技术相结合，并利用前馈方法补偿系统扰动，使得其切换控制的幅值只需要比系统扰动的估计误差大，从而能够很好地抑制控制系统的抖振现象。文献[165]结合高阶滑模观测器，设计了连续滑模控制方法，但是该方法的计算量较大，不适合 SCUH 这类对控制实时性要求非常高的系统。

本章基于滑模控制设计了 SCUH 轨迹跟踪控制方法。为了减小控制律的复杂度，将系统分解为高度模块、航向模块和水平位置模块，分别设计滑模控制器。针对 SCUH 在飞行过程中易受扰动影响，考虑 SCUH 的欠驱动特性，对水平位置模块选择合适的虚拟控制量，使得各个模块只存在匹配扰动，并设计了扩张状态观测器对系统扰动进行估计。针对滑模控制存在抖振的问题，设计了改进的滑模面，并结合扰动估计，设计了滑模控制律。基于 Lyapunov 定理分析了系统的稳定性，理论分析结果表明，与传统滑模控制相比，更小的切换增益就能保证系统的稳定。仿真结果表明，介绍的改进的滑模控制律能够更好地抑制系统扰动，具有较高的轨迹跟踪精度。

5.2　轨迹控制模型

根据第 2 章对小型共轴无人直升机模型的分析，为了便于设计控制器，本章对 SCUH 的非线性模型做进一步的简化。SCUH 非线性动态模型的复杂性主要来源于其受到的力 $\boldsymbol{F}$ 与力矩 $\boldsymbol{\tau}$ 的复杂性。因此，下面对力 $\boldsymbol{F}$ 和力矩 $\boldsymbol{\tau}$ 进行适当简化，并将简化误差、参数不确定性、未建模动态以及外部扰动等因素综合成复合扰动量 $\boldsymbol{F}_d$ 与力矩 $\boldsymbol{\tau}_d$

$$\boldsymbol{F}_d \approx \begin{bmatrix} 0 \\ 0 \\ T_{\text{mr}} \end{bmatrix} + \begin{bmatrix} f_{d1} \\ f_{d2} \\ f_{d3} \end{bmatrix} \tag{5-1}$$

$$\boldsymbol{\tau}_d \approx \boldsymbol{J} \begin{bmatrix} L_a a + L_b b \\ M_a a + M_b b \\ N_r r + N_{\text{col}}\delta_{\text{col}} + N_{\text{dif}}\delta_{\text{dif}} \end{bmatrix} + \begin{bmatrix} \tau_{d1} \\ \tau_{d2} \\ \tau_{d3} \end{bmatrix} \tag{5-2}$$

其中，$T_{\text{mr}} \approx -m(-g + Z_w w_g + Z_{\text{col}}\delta_{\text{col}})$ 是共轴旋翼产生的升力；δ_{col} 和 δ_{dif} 分别为总距和差动变距输入量；$\boldsymbol{F}_d = [f_{d1}, f_{d2}, f_{d3}]^{\text{T}}$ 和 $\boldsymbol{\tau}_d \approx [\tau_{d1}, \tau_{d2}, \tau_{d3}]^{\text{T}}$ 分别表示力和力矩的复合扰动向量，Z_w、Z_{col}、L_a、L_b、M_a、M_b、N_r、N_{col} 和 N_{dif} 是与 SCUH 的结构相关的参数，可以通过系统辨识方法获得。

由于 SCUH 的工作频率通常在 10rad/s 内[166]，旋翼挥舞运动的动态特性非常快，可以利用旋翼的稳态方程代替动态特性，从而简化挥舞模型。将共轴旋翼挥舞运动进行静态化处理可得

$$\begin{cases} a = -\tau q + A_{\text{lat}}\delta_{\text{lat}} + A_{\text{lon}}\delta_{\text{lon}} \\ b = -\tau p + B_{\text{lat}}\delta_{\text{lat}} + B_{\text{lon}}\delta_{\text{lon}} \end{cases} \tag{5-3}$$

将其代入式(5-2)，并进行整理，可得

$$\boldsymbol{\tau} \approx \boldsymbol{J}(\boldsymbol{A}\boldsymbol{\omega}_b + \boldsymbol{B}\boldsymbol{u}) + \boldsymbol{\tau}_d \tag{5-4}$$

其中

$$\boldsymbol{A} = \begin{bmatrix} -\tau L_b & -\tau L_a & 0 \\ -\tau M_b & -\tau M_a & 0 \\ 0 & 0 & N_r \end{bmatrix}, \quad \boldsymbol{B} = \begin{bmatrix} 0 & 0 & L_{\text{lon}} & L_{\text{lat}} \\ 0 & 0 & M_{\text{lon}} & M_{\text{lat}} \\ N_{\text{col}} & N_{\text{dif}} & 0 & 0 \end{bmatrix}$$

且有 $L_{\text{lon}} = L_a A_{\text{lon}} + L_b B_{\text{lon}}$， $L_{\text{lat}} = L_a A_{\text{lat}} + L_b B_{\text{lat}}$， $M_{\text{lon}} = M_a A_{\text{lon}} + M_b B_{\text{lon}}$ 和 $M_{\text{lat}} = M_a A_{\text{lat}} + M_b B_{\text{lat}}$， $\boldsymbol{u} = [\delta_{\text{col}}, \delta_{\text{dif}}, \delta_{\text{lon}}, \delta_{\text{lat}}]^{\text{T}}$。

由此，能够得到简化的小型共轴无人直升机的非线性动态模型如下

$$\dot{\boldsymbol{P}}_g = \boldsymbol{V}_g \tag{5-5}$$

$$\dot{\boldsymbol{V}}_g = g\boldsymbol{e}_3 + (-g + Z_w w_g + Z_{\text{col}}\delta_{\text{col}})R_{bg}\boldsymbol{e}_3 + \frac{1}{m}\boldsymbol{F}_d \tag{5-6}$$

$$\dot{\boldsymbol{\Theta}} = \boldsymbol{\Pi}(\boldsymbol{\Theta})\boldsymbol{\omega}_b \tag{5-7}$$

$$\dot{\boldsymbol{\omega}}_b = -\boldsymbol{J}^{-1}\boldsymbol{\omega}_b \times (\boldsymbol{J}\boldsymbol{\omega}_b) + \boldsymbol{A}\boldsymbol{\omega}_b + \boldsymbol{B}\boldsymbol{u} + \boldsymbol{J}^{-1}\boldsymbol{\tau}_d \tag{5-8}$$

将上述模型分解为 3 个耦合相对较弱的子系统：垂向子系统、航向子系统和水平位置子系统。

(1) 垂向子系统

$$\begin{cases} \dot{P}_z = w_g \\ \dot{w}_g = g + R_{33}(-g + Z_w w_g + Z_{\text{col}}\delta_{\text{col}}) + d_w \end{cases} \tag{5-9}$$

(2) 航向子系统

$$\begin{cases} \dot{\psi} = \dfrac{\sin\phi}{\cos\theta}q + \dfrac{\cos\phi}{\cos\theta}r \\ \dot{r} = -\dfrac{J_y - J_x}{J_z}pq + N_r r + N_{\text{col}}\delta_{\text{col}} + N_{\text{dif}}\delta_{\text{dif}} + d_r \end{cases} \tag{5-10}$$

(3) 水平位置子系统

$$\begin{cases} \dot{\boldsymbol{P}}_1 = \boldsymbol{V}_1 \\ \dot{\boldsymbol{V}}_1 = \boldsymbol{R}_1(-g + Z_w w_g + Z_{\text{col}}\delta_{\text{col}}) + \boldsymbol{d}_V \end{cases} \tag{5-11}$$

其中， $\boldsymbol{P}_1 = [P_x, P_y]^{\text{T}}$， $\boldsymbol{V}_1 = [u_g, v_g]^{\text{T}}$， $R_{33} = \cos\phi\cos\theta$， $\boldsymbol{R}_1 = [R_{13}, R_{23}]^{\text{T}}$， $R_{13} = \cos\phi\sin\theta\cos\psi + \sin\phi\sin\psi$， $R_{23} = \cos\phi\sin\theta\sin\psi - \sin\phi\cos\psi$； d_w、 d_r 和 $\boldsymbol{d}_V$ 分别为垂向系统、航向系统和位置系统的总扰动。

5.3 扰动观测器设计

为了设计对干扰具有较强鲁棒性的滑模控制律，需要用到扰动量，但扰动信息一般无法通过直接测量来获取。因此，设计扩张状态观测器对扰动信息进行估计。假设 d_w、 d_r 和 $\boldsymbol{d}_V$ 以及它们的一阶导数有界，设计 3 阶线性扩张状态观测器对 3 个通道误差进行估计，观测器具体形式为

(1) 高度通道

$$\begin{cases}\dot{z}_1 = z_2 - \beta_{01}e_h \\ \dot{z}_2 = z_3 - \beta_{02}e_h + g + R_{33}(-g + Z_w w_g + Z_{\text{col}}\delta_{\text{col}}) \\ \dot{z}_3 = -\beta_{03}e_h\end{cases} \tag{5-12}$$

其中，$e_h = P_z - z_1$；z_1、z_2和z_3分别为P_z、w_g和d_w的估计值；β_{01}、β_{02}和β_{03}为观测器增益。

(2) 航向通道

$$\begin{cases}\dot{z}_4 = z_5 - r - \beta_{04}e_4 + \dfrac{\sin\phi}{\cos\theta}q + \dfrac{\cos\phi}{\cos\theta}r \\ \dot{z}_5 = z_6 - \beta_{05}e_4 - \dfrac{J_y - J_x}{J_z}pq + N_r r + N_{\text{col}}\delta_{\text{col}} + N_{\text{dif}}\delta_{\text{dif}} \\ \dot{z}_6 = -\beta_{06}e_4\end{cases} \tag{5-13}$$

其中，$e_4 = \psi - z_4$；z_4、z_5和z_6分别为ψ、r和d_r的估计值；β_{04}、β_{05}和β_{06}为观测器增益。

(3) 水平位置通道

$$\begin{cases}\dot{\boldsymbol{z}}_7 = \boldsymbol{z}_8 - \beta_{07}\boldsymbol{e}_7 \\ \dot{\boldsymbol{z}}_8 = \boldsymbol{z}_9 - \beta_{08}\boldsymbol{e}_7 + \boldsymbol{R}_1(-g + Z_w w_g + Z_{\text{col}}\delta_{\text{col}}) \\ \dot{\boldsymbol{z}}_9 = -\beta_{09}\boldsymbol{e}_7\end{cases} \tag{5-14}$$

其中，$\boldsymbol{e}_7 = \boldsymbol{P}_1 - \boldsymbol{z}_7$；$\boldsymbol{z}_7$、$\boldsymbol{z}_8$和$\boldsymbol{z}_9$分别为$\boldsymbol{P}_1$、$\boldsymbol{V}_1$和$\boldsymbol{d}_V$的估计值；$\beta_{07}$、$\beta_{08}$和$\beta_{09}$为观测器增益。

以高度通道为例，简单分析观测器的性能。选择观测器增益如下[167]

$$\beta_{01} = 3\omega_{0z}，\quad \beta_{02} = 3\omega_{0z}^2，\quad \beta_{03} = \omega_{0z}^3 \tag{5-15}$$

其中，$\omega_{0z} > 0$。式(5-12)的特征多项式为

$$\lambda_{0z}(s) = (s + \omega_{0z})^3 \tag{5-16}$$

所以，观测器有界输入有界输出(BIBO)稳定，估计误差有界。

由式(5-9)和式(5-12)易得，估计误差满足如下关系

$$\begin{cases}\dot{\tilde{P}}_z = \tilde{w}_g - 3\omega_{0z}\tilde{P}_z \\ \dot{\tilde{w}}_g = \tilde{d}_w - 3\omega_{0z}^2\tilde{P}_z \\ \dot{\tilde{d}}_w = \dot{d}_w - \omega_{0z}^3\tilde{P}_z\end{cases} \tag{5-17}$$

其中，$\tilde{P}_z = z_1 - P_z$，$\tilde{w}_g = z_2 - w_g$，$\tilde{d}_w = z_3 - d_w$。

令

$$\varepsilon_{z1} = \tilde{P}_z\text{，}\ \varepsilon_{z2} = \tilde{w}_g / \omega_{0z}\text{，}\ \varepsilon_{z3} = \tilde{d}_w / \omega_{0z}^2 \tag{5-18}$$

则式(5-17)可以简化为

$$\dot{\boldsymbol{\varepsilon}}_z = \omega_{0z}\boldsymbol{A}_z\boldsymbol{\varepsilon}_z + \boldsymbol{B}_z\dot{d}_w / \omega_{0z}^2 \tag{5-19}$$

其中，$\boldsymbol{A}_z = \begin{bmatrix} -3 & 1 & 0 \\ -3 & 0 & 1 \\ -1 & 0 & 0 \end{bmatrix}$，为 Hurwitz 矩阵；$\boldsymbol{\varepsilon}_z = [\varepsilon_{z1},\varepsilon_{z2},\varepsilon_{z3}]^{\mathrm{T}}$；$\boldsymbol{B}_z = [0,0,1]^{\mathrm{T}}$。

由文献[168]可知，观测器估计误差有界。

5.4 控制律设计

在设计控制器之前，给出以下合理假设。

假设 5-1 小型共轴无人直升机在飞行过程中，其滚转角和俯仰角始终满足如下条件

$$|\phi(t)| < \frac{\pi}{2}\text{，}\ |\theta(t)| < \frac{\pi}{2}\text{，}\ \forall t > 0 \tag{5-20}$$

5.4.1 垂向控制器

定义高度跟踪误差和垂向速率跟踪误差

$$\begin{cases} e_z = P_z - P_{zr} \\ e_w = w_g - \dot{P}_{zr} \end{cases} \tag{5-21}$$

设计如下的时变全局滑模面

$$\begin{cases} \sigma_z = \lambda_z e_w + e_z \\ \sigma_z^* = \sigma_z - \sigma_z(0)\mathrm{e}^{-\gamma_z t} \end{cases} \tag{5-22}$$

其中，$\gamma_z > 0$ 为正实数；$\lambda_z > 0$，而且其各元素能够使得 $P(s) = \lambda_z s + 1$ 为 Hurwitz 多项式。

将式(5-22)的第 2 式对时间求导数，可得

$$\begin{aligned} \dot{\sigma}_z^* &= \lambda_z \dot{e}_w + \dot{e}_z + \gamma_z\sigma_z(0)\mathrm{e}^{-\gamma_z t} \\ &= \lambda_z g + \lambda_z R_{33}(-g + Z_w w_g + Z_{\mathrm{col}}\delta_{\mathrm{col}}) + \lambda_z d_w - \lambda_z \ddot{P}_{zr} + (w_g - \dot{P}_{zr}) + \gamma_z\sigma_z(0)\mathrm{e}^{-\gamma_z t} \end{aligned} \tag{5-23}$$

设计如下滑模控制器

$$\begin{aligned}\delta_{\rm col}&=-\frac{1}{Z_{\rm col}}(-g+Z_w w_g)\\&\quad-\frac{1}{\lambda_z R_{33}Z_{\rm col}}(\lambda_z g+\lambda_z\hat{d}_w-\lambda_z\ddot{P}_{zr}+(w_g-\dot{P}_{zr})+\gamma_z\sigma_z(0){\rm e}^{-\gamma_z t}+K_z{\rm sign}(\sigma_z^*))\end{aligned}\tag{5-24}$$

其中，K_z 为正实数。

将式(5-24)代入式(5-23)，可以求得闭环偏航角滑模动态特性

$$\dot{\sigma}_z^*=\lambda_z\tilde{d}_w-K_z{\rm sign}(\sigma_z^*)\tag{5-25}$$

选择 Lyapunov 函数

$$V_z(\sigma_z^*)=\frac{1}{2}\sigma_z^{*{\rm T}}\sigma_z^*\tag{5-26}$$

将上述 Lyapunov 函数对时间求导数，可得

$$\begin{aligned}\dot{V}_z(\sigma_z^*)&=\sigma_\psi^{*{\rm T}}(\tilde{d}_w-K_\psi{\rm sign}(\sigma_\psi^*))\\&=\sigma_z^{*{\rm T}}\tilde{d}_w-\left\|K_z\sigma_\psi^*\right\|\leqslant-(K_\psi-\tilde{d}_w^*)\left\|\sigma_z^*\right\|\end{aligned}\tag{5-27}$$

其中，$\left|\tilde{d}_w\right|\leqslant\tilde{d}_w^*$。当切换增益 K_z 满足 $K_z>\lambda_z\tilde{d}_w^*$ 时，滑模动态特性稳定，滑模变量 σ_z^* 会一直保持在滑模面 $\sigma_z^*=0$ 上滑动。当选择 $0<\lambda_z<1$ 时，可以保证 $P(s)=\lambda_z s+1$ 是 Hurwitz 多项式；而且某些满足 $K_z<\tilde{d}_w^*$ 的切换增益 K_z 能够保证系统的稳定。

5.4.2 航向控制器

定义偏航角跟踪误差和偏航角速率跟踪误差

$$\begin{cases}e_\psi=\psi-\psi_r\\e_r=r-\dot{\psi}_r\end{cases}\tag{5-28}$$

设计以下的时变全局滑模面

$$\begin{cases}\sigma_\psi=\lambda_\psi e_r+e_\psi\\\sigma_\psi^*=\sigma_\psi-\sigma_\psi(0){\rm e}^{-\gamma_\psi t}\end{cases}\tag{5-29}$$

其中，$\gamma_\psi>0$ 为正实数；$\lambda_\psi>0$，而且其各元素能够使得 $P(s)=\lambda_\psi s+1$ 为 Hurwitz 多项式。

将式(5-29)第 2 式对时间求导数，可得

$$\begin{aligned}\dot{\sigma}_\psi^*&=\lambda_\psi\dot{e}_r+\dot{e}_\psi+\gamma_\psi\sigma_\psi(0){\rm e}^{-\gamma_\psi t}=-\frac{J_y-J_x}{J_z}\lambda_\psi pq+\lambda_\psi N_r r+\lambda_\psi N_{\rm col}\delta_{\rm col}\\&\quad+\lambda_\psi N_{\rm dif}\delta_{\rm dif}+\lambda_\psi d_r-\lambda_\psi\ddot{\psi}_r+\left(\frac{\sin\phi}{\cos\theta}q+\frac{\cos\phi}{\cos\theta}r-\dot{\psi}_r+\gamma_\psi\sigma_\psi(0){\rm e}^{-\gamma_\psi t}\right)\end{aligned}\tag{5-30}$$

设计如下滑模控制器

$$\delta_{\text{dif}} = -\frac{1}{N_{\text{dif}}}\left(-\frac{J_y - J_x}{J_z}pq + N_r r + N_{\text{col}}\delta_{\text{col}} + \hat{d}_r - \ddot{\psi}_r\right)$$
$$-\frac{1}{\lambda_\psi N_{\text{dif}}}\left(\frac{\sin\phi}{\cos\theta}q + \frac{\cos\phi}{\cos\theta}r - \dot{\psi}_r + \gamma_\psi\sigma_\psi(0)\mathrm{e}^{-\gamma_\psi t} + K_\psi \mathrm{sign}(\sigma_\psi^*)\right) \quad (5\text{-}31)$$

其中，K_ψ 为正实数。

将式(5-26)代入式(5-25)，可以求得闭环偏航角滑模动态特性

$$\dot{\sigma}_\psi^* = \lambda_\psi \tilde{d}_r - K_\psi \mathrm{sign}(\sigma_\psi^*) \quad (5\text{-}32)$$

选择 Lyapunov 函数

$$V_\psi(\sigma_\psi^*) = \frac{1}{2}\sigma_\psi^{*\mathrm{T}}\sigma_\psi^* \quad (5\text{-}33)$$

将上述 Lyapunov 函数对时间求导数，可得

$$\begin{aligned}\dot{V}_\psi(\sigma_\psi^*) &= \sigma_\psi^{*\mathrm{T}}(\tilde{d}_r - K_\psi \mathrm{sign}(\sigma_\psi^*)) \\ &= \sigma_\psi^{*\mathrm{T}}\tilde{d}_r - \left\|K_\psi\sigma_\psi^*\right\| \leqslant -(K_\psi - \tilde{d}_r^*)\left\|\sigma_\psi^*\right\|\end{aligned} \quad (5\text{-}34)$$

其中，$\left|\tilde{d}_r\right| \leqslant \tilde{d}_r^*$。当切换增益 K_ψ 满足 $K_\psi > \lambda_\psi \tilde{d}_r^*$ 时，滑模动态特性稳定，滑模变量 σ_ψ^* 会一直保持在滑模面 $\sigma_\psi^* = 0$ 上滑动。当选择 $0 < \lambda_\psi < 1$ 时，可以保证 $P(s) = \lambda_\psi s+1$ 是 Hurwitz 多项式；而且某些满足 $K_\psi < \tilde{d}_r^*$ 的切换增益 K_ψ 能够保证系统的稳定。

5.4.3　水平位置控制器

选择 $\boldsymbol{R}_1$ 为虚拟输入，根据 $\boldsymbol{R}_1$ 可求得对应的滚转角和俯仰角，作为内环滚转角和俯仰角的指令值。选择合适的虚拟控制量，使得水平位置不存在非匹配扰动，$\boldsymbol{d}_V$ 等价于常规的匹配扰动，便于设计控制器抑制干扰。

定义小型无人直升机的位置跟踪误差及其导数

$$\begin{cases}\boldsymbol{e}_P = \boldsymbol{P}_1 - \boldsymbol{P}_{1r} \\ \boldsymbol{e}_V = \boldsymbol{V}_1 - \dot{\boldsymbol{P}}_{1r}\end{cases} \quad (5\text{-}35)$$

设计如下的基于非线性扰动观测器的时变全局滑模面

$$\begin{cases}\boldsymbol{\sigma}_P = \boldsymbol{e}_P + \boldsymbol{\Lambda}_P\boldsymbol{e}_V \\ \boldsymbol{\sigma}_P^* = \boldsymbol{\sigma}_P - \boldsymbol{\sigma}_P(0)\mathrm{e}^{-\gamma_P t}\end{cases} \quad (5\text{-}36)$$

其中，$\gamma_p > 0$ 为正实数；$\boldsymbol{\Lambda}_P = \mathrm{diag}(\lambda_{p1}, \lambda_{p2})$ 为正定对角矩阵，而且其各元素能够

使得 $P_k(s)=\lambda_{pk}s+1$ 为 Hurwitz 多项式，即各个极点都具有负实部。

将式(5-36)中的第 2 式对时间求导数，可得

$$\begin{aligned}\dot{\boldsymbol{\sigma}}_P^* &= \boldsymbol{\Lambda}_P\dot{\boldsymbol{e}}_V+\dot{\boldsymbol{e}}_P+\gamma_P\boldsymbol{\sigma}_P(0)\mathrm{e}^{-\gamma_P t} \\ &= \boldsymbol{\Lambda}_P(\boldsymbol{R}_1(-g+Z_w w_g+Z_{\mathrm{col}}\theta_{\mathrm{col}})+\boldsymbol{d}_V-\ddot{\boldsymbol{P}}_{1r})+(\boldsymbol{V}_1-\dot{\boldsymbol{P}}_{1r})+\gamma_P\boldsymbol{\sigma}_P(0)\mathrm{e}^{-\gamma_P t}\end{aligned} \tag{5-37}$$

设计如下滑模控制器

$$\boldsymbol{R}_1=\frac{-1}{-g+Z_w w_g+Z_{\mathrm{col}}\theta_{\mathrm{col}}}\left[\boldsymbol{\Lambda}_P^{-1}(\boldsymbol{V}_1-\dot{\boldsymbol{P}}_{1r}+\gamma_P\boldsymbol{\sigma}_P(0)\mathrm{e}^{-\gamma_P t}+\boldsymbol{K}_P\mathrm{sign}(\boldsymbol{\sigma}_P^*))+\hat{\boldsymbol{d}}_V-\ddot{\boldsymbol{P}}_{1r}\right] \tag{5-38}$$

其中，$\boldsymbol{K}_P=\mathrm{diag}(k_{p1},k_{p2})$ 为正定对角矩阵。

将式(5-38)代入式(5-37)，可得闭环位置滑模动态特性

$$\dot{\boldsymbol{\sigma}}_P^*=\boldsymbol{\Lambda}_2\tilde{\boldsymbol{d}}_V-\boldsymbol{K}_P\,\mathrm{sign}\,(\boldsymbol{\sigma}_P^*) \tag{5-39}$$

选择 Lyapunov 函数

$$\boldsymbol{V}_P(\boldsymbol{\sigma}_P^*)=\frac{1}{2}\boldsymbol{\sigma}_P^{*\mathrm{T}}\boldsymbol{\sigma}_P^* \tag{5-40}$$

将上述 Lyapunov 函数对时间求导数，可得

$$\begin{aligned}\dot{\boldsymbol{V}}_P(\boldsymbol{\sigma}_P^*) &= \boldsymbol{\sigma}_P^{*\mathrm{T}}(\boldsymbol{\Lambda}_P\tilde{\boldsymbol{d}}_V-\boldsymbol{K}_P\mathrm{sign}(\boldsymbol{\sigma}_P^*)) \\ &= \boldsymbol{\sigma}_P^{*\mathrm{T}}\boldsymbol{\Lambda}_P\tilde{\boldsymbol{d}}_V-\left\|\boldsymbol{K}_P\boldsymbol{\sigma}_P^*\right\|\leqslant-(\boldsymbol{K}_P-\left\|\boldsymbol{\Lambda}_P\right\|\tilde{\boldsymbol{d}}_V^*)\left\|\boldsymbol{\sigma}_P^*\right\|\end{aligned} \tag{5-41}$$

其中，$\left\|\tilde{\boldsymbol{d}}_V\right\|\leqslant\tilde{d}_V^*$。当切换增益 $\boldsymbol{K}_P$ 满足 $k_{pi}>\lambda_{pi}\tilde{d}_V^*$ 时，滑模动态特性稳定，滑模变量 $\boldsymbol{\sigma}_P^*$ 会一直保持在滑模面 $\boldsymbol{\sigma}_P^*=0$ 上滑动。

5.5 仿 真 验 证

为了检验设计的改进的滑模控制律的控制效果，与基于传统滑模面的控制方法进行对比仿真。

小型共轴无人直升机的参数如表 5-1 所示。

表 5-1 共轴旋翼飞行器主要模型参数

参数	Z_w/s^{-1}	$Z_{\mathrm{col}}/\mathrm{m}/(\mathrm{rad}\cdot\mathrm{s}^2)$	$N_{\mathrm{col}}/\mathrm{s}^{-2}$	$N_{\mathrm{dif}}/\mathrm{s}^{-2}$	N_r/s^{-2}	$\boldsymbol{J}/(\mathrm{kg}\cdot\mathrm{m}^2)$
数值	−0.76	−131.4	−0.37	135.8	−0.98	diag(0.18,0.34,0.34)

观测器增益选择为

$$\beta_{01}=15,\quad \beta_{02}=75,\quad \beta_{03}=125$$

滑模面参数选择为

$$\lambda_z = 2\,,\ \ \lambda_\psi = 2\,,\ \ \boldsymbol{\Lambda}_P = \mathrm{diag}(0.3, 0.3)$$

$$\gamma_z = 5\,,\ \ \gamma_\psi = 5\,,\ \ \gamma_P = 5$$

滑模控制增益经过反复调整，最终选择为

$$K_z = 16\,,\ \ K_\psi = 3\,,\ \ \boldsymbol{K}_P = \mathrm{diag}(5, 13)$$

设计期望运动轨迹如下

$$P_{x\mathrm{r}} = \begin{cases} 0, & 0 \leqslant t \leqslant 8\mathrm{s} \\ 10\left(1 - \cos\dfrac{\pi}{8}(t-8)\right), & t > 8\mathrm{s} \end{cases}$$

$$P_{y\mathrm{r}} = \begin{cases} 0, & 0 \leqslant t \leqslant 8\mathrm{s} \\ 10\sin(0.25\pi(t-8)), & t > 8\mathrm{s} \end{cases}$$

$$P_{z\mathrm{r}} = -3\,,\ \ \psi_{\mathrm{r}} = 0$$

假设 3 个通道受到阵风扰动，阵风扰动的动力学模型可单独由 Gauss-Markov 过程生成

$$\begin{bmatrix} \dot{d}_U \\ \dot{d}_V \end{bmatrix} = \begin{bmatrix} -\dfrac{1}{\tau_c} & 0 \\ 0 & -\dfrac{1}{\tau_c} \end{bmatrix} \begin{bmatrix} d_U \\ d_V \end{bmatrix} + \rho \boldsymbol{B}_W \begin{bmatrix} q_U \\ q_V \end{bmatrix}$$

其中，q_U 和 q_V 为零均值噪声信号，$\boldsymbol{B}_W$ 为干扰输入矩阵，$\rho = 0.5$ 为权重因子，τ_c 为风速相关时间常数，这里取纵横向的风速为 3m/s，τ_c 为 3.2s。

图 5-1 和图 5-2 分别表示改进控制方法与传统滑模控制对应的高度和偏航角跟踪误差。由图可知，两种控制方法的高度和偏航角误差都在 0 附近波动，未出现抖振；传统滑模控制的高度误差波动幅度小于 1m，航向角误差波动幅度小于 0.5°；改进控制方法的高度和航向角误差幅度分别小于 0.5m 和 0.2°。结果表明改进方法比传统滑模控制有更好的干扰抑制能力和更高的跟踪精度。图 5-3 为两种控制方法的纵向位置跟踪误差，图 5-4 为纵向输入量。由图可知，在 8s 左右，纵向位置误差出现了瞬时的增加，这是由于纵向位置突然发生了改变。纵向位置突变时，对于纵向位置误差和控制输入，改进方法的抖振幅度都比传统滑模控制小，说明改进方法更好地抑制了抖振。图 5-5 给出了两种方法的总距输入，可以看出总距输入没有明显变化，两种方法总距输入比较接近。

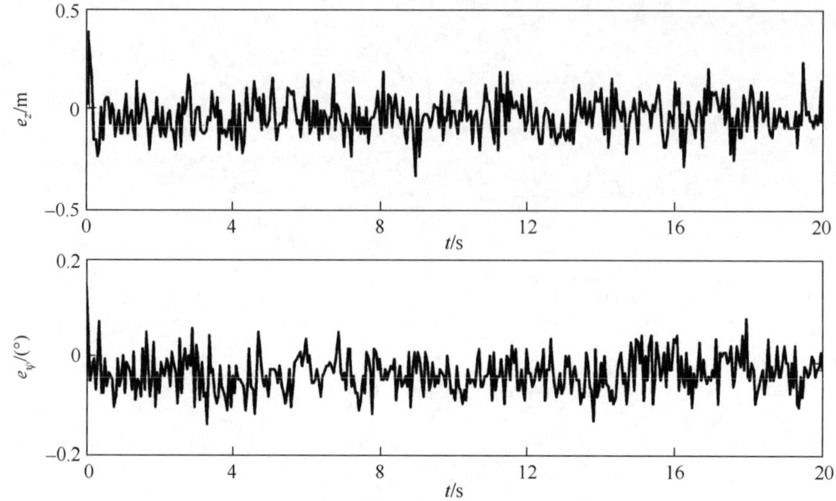

图 5-1　改进控制方法的高度和偏航角误差

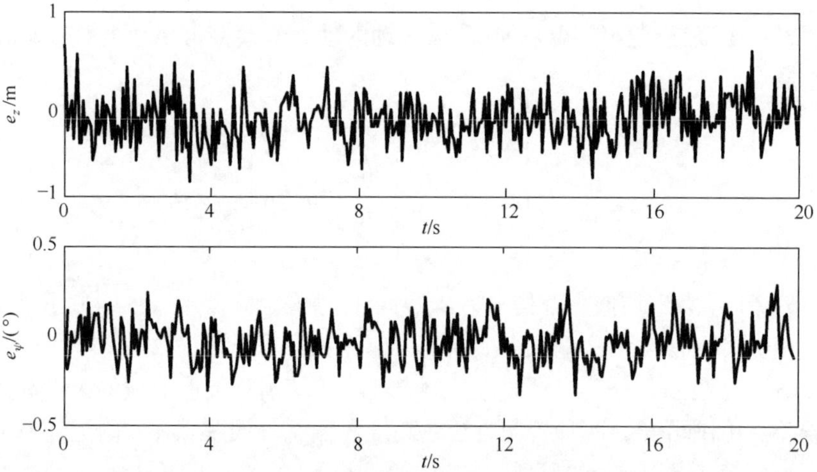

图 5-2　传统滑模控制的高度和偏航角误差

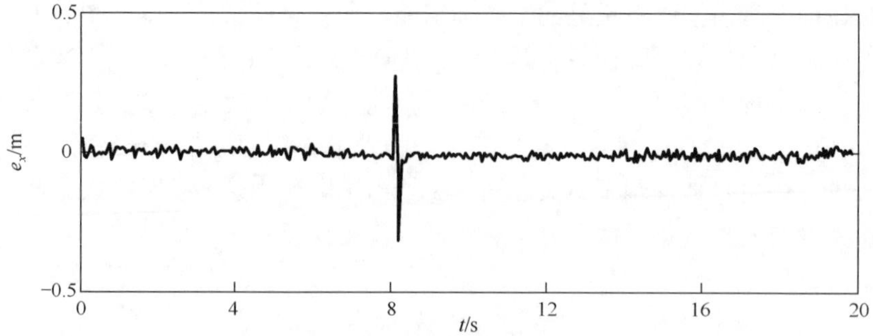

(a) 传统滑模控制

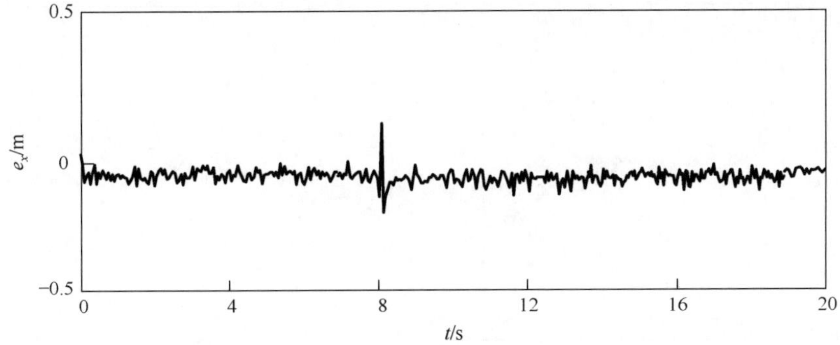

(b) 改进控制方法

图 5-3　纵向位置误差

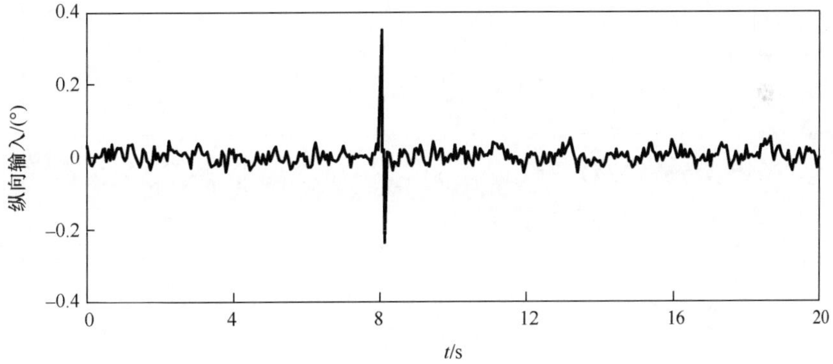

(a) 传统滑模控制

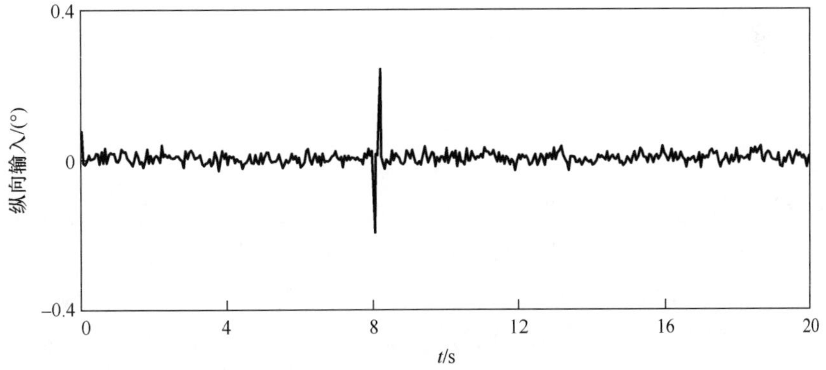

(b) 改进控制方法

图 5-4　纵向虚拟控制输入

综上所述，相比于传统滑模控制器，所设计的控制方法性能更好，具有更高的轨迹跟踪精度，抖振更小，对干扰具有更好的鲁棒性。

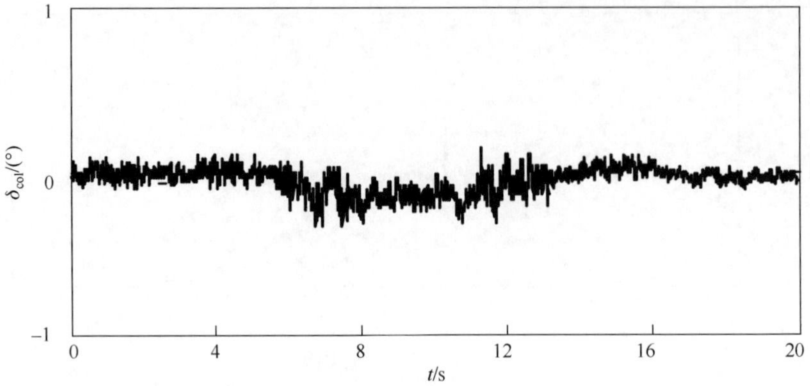

(a) 传统滑模控制

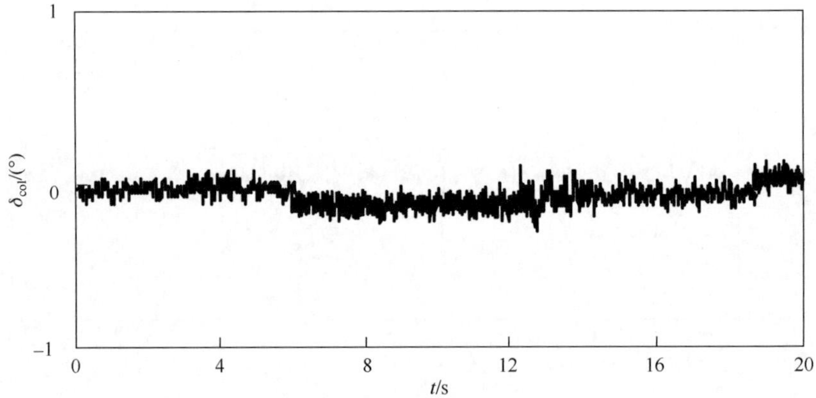

(b) 改进控制方法

图 5-5　总距控制输入

5.6　本 章 小 结

本章基于简化的 SCUH 非线性模型，设计了改进的轨迹跟踪滑模控制律。为了降低控制律设计的难度，将系统分解为高度模块、航向模块和水平位置模块，分别设计控制律。针对 SCUH 在飞行过程中系统存在扰动的问题，考虑 SCUH 的欠驱动特性，对水平位置模块选择合适的虚拟控制量，使得各个模块只存在匹配扰动，并设计了扩张状态观测器对系统扰动进行估计。针对滑模控制存在抖振的问题，设计了改进的滑模面。结合扰动估计，设计了滑模控制律。基于 Lyapunov 定理分析了系统的稳定性，结果表明滑模变量始终在期望滑模面上滑动，能够避免滑模控制的到达阶段；与传统滑模控制相比，更小的切换增益就能保证系统的稳定，说明设计的滑模控制律具有较好的抖振抑制能力。通过仿真验证了所提出的滑模控制律能够有效地抑制系统扰动，具有较高的轨迹跟踪精度。

第 6 章　基于多传感器数据融合的 SCUH 航姿测量

6.1　引　　言

采用四元数法更新航姿，再将四元数转换成欧拉角的姿态解算方案。四元数法更新航姿时，采用龙格-库塔法计算四元数只利用到了陀螺仪测量的角速度信息。MEMS 陀螺存在较大的随机漂移，航姿测量误差会随时间累积，导致系统长时间工作时测量精度下降。采用陀螺仪、加速度计和磁强计组合测姿方法可以用来弥补陀螺漂移造成的误差，提高航姿测量精度，常用的方法是卡尔曼滤波[169,170]。小型共轴无人直升机工作环境中，磁强计测量值很容易受到电磁干扰。此时，卡尔曼滤波精度下降。为了提高受干扰时的滤波精度，文献[171]提出一种模糊自适应卡尔曼滤波算法，该算法计算复杂，无法满足微小型航姿测量系统实时性要求。文献[172]提出一种实时自适应卡尔曼滤波算法，但自适应因子求解过程烦琐。

本章针对陀螺漂移引起姿态解算误差积累的问题，采用无迹卡尔曼滤波(UKF)算法，利用加速度和地磁信息补偿积累误差。针对 UKF 滤波算法在外界噪声干扰下测量精度降低的问题，引入自适应算法，使量测噪声统计特性随噪声的变化而自适应地调整。对自适应 UKF 算法进行了仿真验证，结果表明自适应 UKF 滤波算法对随机干扰有较好的抑制效果。

6.2　UKF 滤波算法

卡尔曼滤波作为目前广泛使用的信息融合手段，被用于雷达目标跟踪与数据关联、战场态势与威胁评估、计算机图像处理、飞行器导航控制等诸多领域[173]。它具有计算量小、数据存储量小、便于在线运算等优点，非常适合用于小型共轴无人直升机航姿测量系统中。但是，卡尔曼滤波对系统数学模型和噪声统计特性都有非常严苛的要求，只适用于线性系统。实际的小型共轴无人直升机航姿测量系统是非线性的，经典卡尔曼滤波器使用受到限制，因此有必要对非线性滤波技术进行研究。

扩展卡尔曼滤波(EKF)和无迹卡尔曼滤波(UKF)是两种基于卡尔曼滤波算法改进的非线性滤波算法。相比于 EKF，UKF 有以下优势：

(1) 对系统模型没有严格的限制条件，不要求系统是近似线性的；

(2) 不需要计算雅克比矩阵，计算量比 EKF 小；

(3) 不要求状态函数和量测函数是连续可微的，甚至可以应用于不连续系统；

(4) 对于同阶系统，UKF 的估计精度高于 EKF。

因此，将 UKF 作为航姿测量系统多传感器信息融合算法。然而，UKF 滤波方法是在经典卡尔曼滤波框架下的一种改进算法，只有在系统模型没有误差、噪声统计特性准确的条件下，才能得到状态变量的最优估计值。在实际应用中，系统参数在诸多因素的影响下具有一定的不确定性，如滤波初值的不准确、外界干扰造成的滤波模型不准确、量测信息受到环境因素的干扰等。系统参数的不确定性会导致 UKF 滤波精度的下降，甚至发散[174]。如何提高系统参数不准确时 UKF 算法的滤波精度是需要研究的问题。

6.3 自适应 UKF 滤波算法

自适应滤波是一种能有效防止滤波发散、提高滤波精度的方法。其基本原理是根据系统的观测值，实时调整系统模型参数和噪声统计特性参数，使系统模型更加准确，从而提高航姿测量精度。

6.3.1 滤波模型的建立

采用 UKF 算法进行传感器信息融合时，需要建立系统的滤波模型，即状态方程和量测方程。为了便于计算机处理，需要将系统模型离散化，即

$$\begin{cases} \boldsymbol{x}_k = f(\boldsymbol{x}_{k-1}) + \boldsymbol{w}_{k-1} \\ \boldsymbol{z}_k = h(\boldsymbol{x}_k) + \boldsymbol{v}_k \end{cases} \tag{6-1}$$

其中，$\boldsymbol{x}$ 为状态变量，$\boldsymbol{z}$ 为观测变量，$\boldsymbol{w}$ 和 $\boldsymbol{v}$ 分别为系统状态噪声和量测噪声。

1. 状态方程

建立状态方程首先需要确定状态变量。由于系统采用四元数法更新航姿，为了便于计算，将四元数作为状态变量。姿态四元数 $\boldsymbol{q}$ 满足以下微分方程

$$\begin{bmatrix} \dot{q}_0 \\ \dot{q}_1 \\ \dot{q}_2 \\ \dot{q}_3 \end{bmatrix} = \frac{1}{2} \begin{bmatrix} 0 & -\omega_{nb}^{bx} & -\omega_{nb}^{by} & -\omega_{nb}^{bz} \\ \omega_{nb}^{bx} & 0 & \omega_{nb}^{bz} & -\omega_{nb}^{by} \\ \omega_{nb}^{by} & -\omega_{nb}^{bz} & 0 & \omega_{nb}^{bx} \\ \omega_{nb}^{bz} & \omega_{nb}^{by} & -\omega_{nb}^{bx} & 0 \end{bmatrix} \cdot \begin{bmatrix} q_0 \\ q_1 \\ q_2 \\ q_3 \end{bmatrix} \tag{6-2}$$

为了便于计算机处理，将式(6-2)离散化。采用 4 阶龙格-库塔法对式(6-2)进行

离散，离散化后的方程为

$$\boldsymbol{q}(k)=\boldsymbol{F}(k-1)\times\boldsymbol{q}(k-1) \tag{6-3}$$

其中

$$\boldsymbol{F}(k-1)=\boldsymbol{I}+T/2\times\boldsymbol{M}(\boldsymbol{\omega})+T^2/8\times\boldsymbol{M}^2(\boldsymbol{\omega})+T^3/48\times\boldsymbol{M}^3(\boldsymbol{\omega})+T^4/384\times\boldsymbol{M}^4(\boldsymbol{\omega}) \tag{6-4}$$

由于 MEMS 陀螺漂移随机性大，不易补偿，因此，将陀螺随机漂移选取为状态变量，与四元数一起构成最终的状态变量 $\boldsymbol{x}$

$$\boldsymbol{x}=\left[q_0\,,q_1\,,q_2\,,q_3\,,\beta_x\,,\beta_y\,,\beta_z\right]^{\mathrm{T}}$$

陀螺随机漂移满足以下方程[175]

$$\begin{bmatrix}\beta_x(k)\\ \beta_y(k)\\ \beta_z(k)\end{bmatrix}=\begin{bmatrix}-1/\tau_x & 0 & 0\\ 0 & -1/\tau_y & 0\\ 0 & 0 & -1/\tau_z\end{bmatrix}\begin{bmatrix}\beta_x(k-1)\\ \beta_y(k-1)\\ \beta_z(k-1)\end{bmatrix}+\begin{bmatrix}n_{\beta x}\\ n_{\beta y}\\ n_{\beta z}\end{bmatrix} \tag{6-5}$$

由式(6-3)和式(6-5)可得，系统的状态方程为

$$\boldsymbol{x}(k)=\begin{bmatrix}\boldsymbol{F}(k-1) & \boldsymbol{0}_{4\times3}\\ \boldsymbol{0}_{3\times4} & \boldsymbol{\tau}(k-1)\end{bmatrix}\boldsymbol{x}(k-1)+\begin{bmatrix}\boldsymbol{0}_{4\times1}\\ \boldsymbol{n}_\beta\end{bmatrix} \tag{6-6}$$

2. 量测方程

系统利用加速度计和磁强计来补偿陀螺漂移造成的误差。由于陀螺测得的角速度用于四元数的更新，因此，选取利用加速度计和磁强计的输出计算出的四元数为量测变量。设加速度计和磁强计的测量值分别为 $\boldsymbol{f}=[f_x\,,f_y\,,f_z]^{\mathrm{T}}$、$\boldsymbol{h}=[h_x\,,h_y\,,h_z]^{\mathrm{T}}$，则利用量测值计算的姿态角为[176]

$$\begin{cases}\phi=\arctan(f_y/f_z)\\ \theta=-\arctan\left(f_x\Big/\sqrt{(f_y)^2+(f_z)^2}\right)\\ \psi=\arctan\left(\dfrac{h_z\sin\phi-h_y\cos\phi}{h_x\cos\theta+(h_y\sin\phi+h_z\cos\phi)\sin\theta}\right)\end{cases} \tag{6-7}$$

再由姿态角，按照式(6-8)计算出四元数的测量值。

$$
\boldsymbol{q}=\begin{bmatrix} q_0 \\ q_1 \\ q_2 \\ q_3 \end{bmatrix}=\begin{bmatrix} \cos(\phi/2)\cos(\theta/2)\cos(\psi/2)+\sin(\phi/2)\sin(\theta/2)\sin(\psi/2) \\ \sin(\phi/2)\cos(\theta/2)\cos(\psi/2)-\cos(\phi/2)\sin(\theta/2)\sin(\psi/2) \\ \cos(\phi/2)\sin(\theta/2)\cos(\psi/2)+\sin(\phi/2)\cos(\theta/2)\sin(\psi/2) \\ \cos(\phi/2)\cos(\theta/2)\sin(\psi/2)-\sin(\phi/2)\sin(\theta/2)\cos(\psi/2) \end{bmatrix} \tag{6-8}
$$

实际环境中噪声是不可避免的，所以，系统的观测方程为

$$
\boldsymbol{z}(k)=\boldsymbol{q}(k)=\boldsymbol{H}(k)\boldsymbol{x}(k)+\boldsymbol{v}(k) \tag{6-9}
$$

其中，$\boldsymbol{v}(k)$ 为系统观测噪声，$\boldsymbol{H}(k)$ 为量测矩阵，表达式如下

$$
\boldsymbol{H}_k=[\boldsymbol{I}_{4\times4}\,,\boldsymbol{0}_{4\times3}] \tag{6-10}
$$

式(6-6)和式(6-9)组成了系统的滤波模型。

小型共轴无人直升机适合工作在城市中，而城市中存在电磁辐射、硬磁材料、软磁材料等磁场干扰，磁强计容易受到干扰，导致测量值存在较大噪声。系统噪声参数在很大程度上影响着 UKF 滤波的性能和稳定性，在 UKF 滤波算法模型中，式(6-9)中观测噪声 $\boldsymbol{v}(k)$ 的统计特性是不变的，当噪声变化时，模型存在一定误差，导致滤波估计值误差增大。因此，无法保证小型共轴无人直升机在干扰下航姿测量的精度。为了提高 UKF 算法对噪声干扰的适应能力，将自适应估计算法与 UKF 相结合，根据量测变量的实时测量值调整量测噪声的协方差，提高滤波精度。

6.3.2 自适应 UKF 滤波算法

1. 量测噪声自适应估计

新息来自真实值的测量值，常常用来估计系统噪声参数的最优值。基于极大似然准则(Maximum Likelihood，ML)的自适应滤波方法可以通过系统状态协方差矩阵和量测噪声协方差矩阵实时估计系统噪声统计特性的变化，以保证滤波器更好地适应这种变化[131]。ML 从量测出现概率最大的角度进行估计，既考虑了新息变化，又考虑了新息协方差阵的变化[177]。根据极大似然准则，自适应量测噪声方差阵满足[178]

$$
\hat{\boldsymbol{R}}_k=\frac{1}{N}\sum_{i=k-N+1}^{k}\boldsymbol{\varepsilon}_i\boldsymbol{\varepsilon}_i^{\mathrm{T}}-\boldsymbol{H}_k\boldsymbol{P}_{k|k-1}\boldsymbol{H}_k^{\mathrm{T}} \tag{6-11}
$$

其中，N 为窗口数量，表示所用新息数量的多少。在非线性系统中，采用式(6-11)计算 $\hat{\boldsymbol{R}}_k$ 是非常困难的，有必要对其进行简化和改进。

令 $N=1$，得到量测噪声协方差阵的测量值为

$$
\boldsymbol{R}_k^{+}=\boldsymbol{\varepsilon}_k\boldsymbol{\varepsilon}_k^{\mathrm{T}}-\boldsymbol{H}_k\boldsymbol{P}_{k|k-1}\boldsymbol{H}_k^{\mathrm{T}} \tag{6-12}
$$

将 $\boldsymbol{R}_k^+$ 与当前时刻量测噪声协方差阵的预测值 $\boldsymbol{R}_k^-$ 作加权平均，作为当前时刻量测噪声协方差阵的估计值，即

$$\hat{\boldsymbol{R}}_k = \boldsymbol{R}_k^+ + b(\boldsymbol{R}_k^- - \boldsymbol{R}_k^+) \tag{6-13}$$

其中，b 为可调节的参数，b 越小，新息序列对量测噪声协方差估计值贡献越大。将式(6-13)中 $\hat{\boldsymbol{R}}_k$ 代入滤波算法中，就可以实时估计出量测噪声协方差矩阵，进而调整滤波增益，使滤波算法对噪声变化具有自适应能力。参数 b 通过仿真的方法确定。

2. 自适应 UKF 滤波算法

基于 6.3.1 节中建立的滤波模型，采用自适应 UKF 滤波算法进行传感器数据融合的原理如图 6-1 所示。

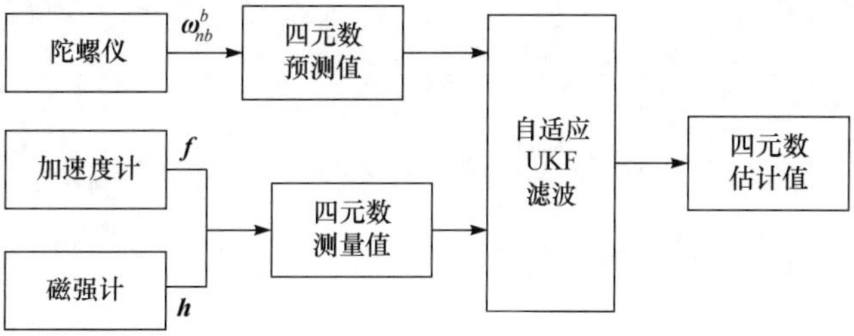

图 6-1　信息融合算法框图

根据建立的滤波模型，结合 UKF 算法的实现过程，采用自适应 UKF 滤波进行传感器数据融合的具体步骤如下。

(1) 确定滤波初始状态统计特性。

具体需要确定初始四元数、陀螺漂移的初值和初始状态向量的误差协方差矩阵，计算公式为

$$\begin{cases} \hat{\boldsymbol{x}}_0 = E(\boldsymbol{x}_0) \\ \boldsymbol{P}_0 = E[(\boldsymbol{x}_0 - \hat{\boldsymbol{x}}_0)(\boldsymbol{x}_0 - \hat{\boldsymbol{x}}_0)^{\mathrm{T}}] \end{cases} \tag{6-14}$$

(2) 选择 Sigma 点采样策略，计算 Sigma 点及各点权值。

采用比例修正对称采样策略，Sigma 点按下式选取

$$\begin{cases} \xi_0^k = \hat{\boldsymbol{x}}_k \\ \xi_i^k = \hat{\boldsymbol{x}}_k + (\sqrt{(n+\chi)\boldsymbol{P}_k})_i, \quad i = 1,2,\cdots,n \\ \xi_{i+n}^k = \hat{\boldsymbol{x}}_k - (\sqrt{(n+\chi)\boldsymbol{P}_k})_i \end{cases} \tag{6-15}$$

相应均值和方差的权值 W_i^m 和 W_i^c 为

$$\begin{cases} W_0^m = \chi/(n+\chi) \\ W_0^c = W_0^m + 1 + \beta - \alpha^2, \quad i = 1,2,\cdots,2n \\ W_i^m = W_i^c = 1/[2(n+\chi)] \end{cases} \tag{6-16}$$

其中，n 为状态维数，$\chi = \alpha^2(n+\kappa) - n$，$\kappa$ 通常为 0，α 通常取一个非常小的正数，β 在高斯分布时的最佳取值为 2。

(3) 时间更新。

根据选取的 Sigma 点及权值，确定状态变量一步预测值 $\hat{\boldsymbol{x}}_{k|k-1}$ 和一步预测误差协方差阵 $\boldsymbol{P}_{k|k-1}$

$$\gamma_i^{k|k-1} = f(\xi_i^{k-1}) \tag{6-17}$$

$$\hat{\boldsymbol{x}}_{k|k-1} = \sum_{i=0}^{2n} W_i^m \gamma_i^{k|k-1} \tag{6-18}$$

$$\boldsymbol{P}_{k|k-1} = \sum_{i=0}^{2n} W_i^c (\gamma_i^{k|k-1} - \hat{\boldsymbol{x}}_{k|k-1})(\gamma_i^{k|k-1} - \hat{\boldsymbol{x}}_{k|k-1})^{\mathrm{T}} + \boldsymbol{Q}_{k-1} \tag{6-19}$$

其中，$\boldsymbol{Q}_{k-1}$ 为系统状态噪声协方差阵。

(4) 量测更新。

计算量测变量的一步预测均值 $z_{k|k-1}$ 和方差 $\boldsymbol{P}_{z_k}$，以及互协方差阵 $\boldsymbol{P}_{x_k z_k}$

$$z_{k|k-1} = \boldsymbol{H}_{k-1}\boldsymbol{x}_{k|k-1} \tag{6-20}$$

$$\boldsymbol{P}_{z_k} = \boldsymbol{H}_{k-1}\boldsymbol{P}_{k|k-1}\boldsymbol{H}_{k-1}^{\mathrm{T}} + \boldsymbol{R}_k \tag{6-21}$$

$$\boldsymbol{P}_{x_k z_k} = \boldsymbol{P}_{k|k-1}\boldsymbol{H}_{k-1}^{\mathrm{T}} \tag{6-22}$$

其中，$\boldsymbol{R}_k$ 为量测噪声协方差阵，是自适应 UKF 滤波中重点计算的参数，可以利用式(6-13)计算得到。

(5)获得新的量测量 z_k 后，得出系统状态的最优估计值 $\hat{\boldsymbol{x}}_k$ 和状态协方差阵 $\boldsymbol{P}_k$

$$\boldsymbol{K}_k = \boldsymbol{P}_{x_k z_k}\boldsymbol{P}_{z_k}^{-1} \tag{6-23}$$

$$\boldsymbol{\varepsilon}_k = z_k - z_{k|k-1} \tag{6-24}$$

$$\hat{\boldsymbol{x}}_k = \hat{\boldsymbol{x}}_{k|k-1} + \boldsymbol{K}_k\boldsymbol{\varepsilon}_k \tag{6-25}$$

$$\boldsymbol{P}_k = \boldsymbol{P}_{k|k-1} - \boldsymbol{K}_k\boldsymbol{P}_{z_k}\boldsymbol{K}_k^{\mathrm{T}} \tag{6-26}$$

其中，$\boldsymbol{K}_k$ 为滤波增益，$\boldsymbol{\varepsilon}_k$ 为新息序列。

6.4 自适应 UKF 滤波算法抗干扰性能验证

假设航姿变化规律如下

$$\begin{cases}\phi = \phi_m \sin(\omega_\phi t)\\ \theta = \theta_m \sin(\omega_\theta t)\\ \psi = \psi_m \sin(\omega_\psi t)\end{cases} \tag{6-27}$$

式(6-27)即为理想航姿。其中，$\phi_m = 15°$，$\theta_m = 40°$，$\psi_m = 25°$，$\omega_\phi = \pi/6(\mathrm{rad/s})$，$\omega_\theta = \pi/4(\mathrm{rad/s})$，$\omega_\psi = \pi/6(\mathrm{rad/s})$。

仿真参数结合实际传感器的性能参数来设置：陀螺零偏$0.1(°/\mathrm{s})$，随机噪声均值为 0，方差为 0.02；加速度计随机噪声均值为 0，方差为 0.02；磁强计随机噪声均值为 0，方差为 0.02；状态噪声协方差矩阵和量测噪声协方差初始值分别为

$$\boldsymbol{Q} = \mathrm{diag}[(0.1)^2,(0.1)^2,(0.1)^2,(0.1)^2,(0.01°/\mathrm{s})^2,(0.01°/\mathrm{s})^2,(0.01°/\mathrm{s})^2)]$$

$$\boldsymbol{R}_0 = \mathrm{diag}[(0.001\mathrm{m/s^2})^2,(0.001\mathrm{m/s^2})^2,(0.001\mathrm{m/s^2})^2,(0.05\mu\mathrm{T})^2,(0.05\mu\mathrm{T})^2,(0.05\mu\mathrm{T})^2)]$$

当地重力加速度为$g = 9.81\mathrm{m/s^2}$，地磁场强度为$[24,-42,45]\mu\mathrm{T}$；系统初始状态变量为$\boldsymbol{x}_0 = [\boldsymbol{0}_{1\times 7}]^{\mathrm{T}}$，仿真时间为 180s。

为了便于说明，简化算法的描述方法，定义：陀螺单独解算航姿为算法 1，常规 UKF 算法为算法 2，自适应 UKF 算法为算法 3。为了验证自适应 UKF 滤波算法的抗干扰能力，在60～110s 之间加入随机白噪声干扰。在无外界噪声干扰和有外界噪声干扰两种条件下，对比算法 1、算法 2 和算法 3。

首先，需要确定自适应估计算法中参数 b 的值。取不同的 b 值，对算法 3 进行仿真，b 的取值与姿态和航向角均方根误差的关系如表 6-1 所示。

表 6-1 b 取不同值对应的姿态和航向角均方根误差

b	滚转/(°)	俯仰/(°)	偏航/(°)
0.1	0.237	0.108	0.129
0.2	0.207	0.186	0.315
0.3	0.143	0.129	0.142
0.4	0.129	0.099	0.116
0.5	0.197	0.161	0.123
0.6	0.306	0.431	0.139
0.7	0.355	0.112	0.239
0.8	0.555	0.209	0.319
0.9	0.447	0.126	0.405

可以看出，随着 b 的增加，姿态和航向角的均方根误差无明显变化规律，很难确定出 b 的最佳值。由于姿态和航向角均方根误差差别不大，按照三个角均方根误差均值最小的原则确定 b 的取值。由表 6-1 可知，$b = 0.4$ 是相对理想的结果。因此，取 $b = 0.4$ 。

三种算法的解算的滚转角误差如图 6-2 所示。

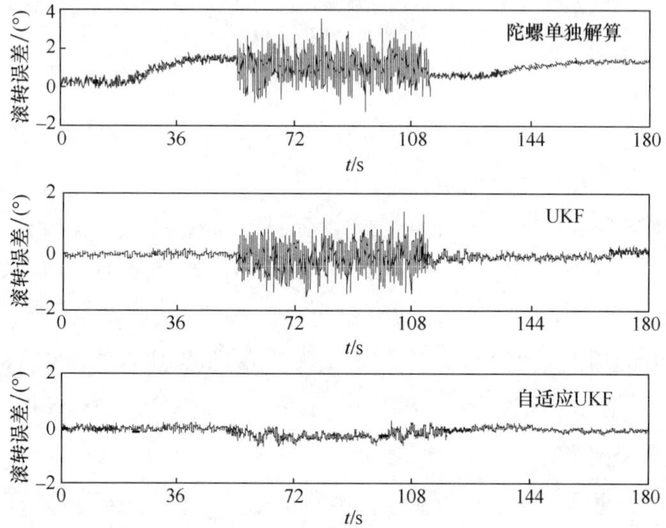

图 6-2　滚转角误差

为了定量比较三种算法的抗干扰性能，表 6-2 给出了不同时间段内三种算法计算的滚转角误差的均值和最大值。

表 6-2　滚转角误差均值与最大值

	0～60s		60～110s		110～180s	
	均值/(°)	最大值/(°)	均值/(°)	最大值/(°)	均值/(°)	最大值/(°)
陀螺单独解算	0.964	1.632	1.387	3.124	0.793	1.518
UKF	–0.104	0.315	–0.123	1.613	0.132	0.354
自适应UKF	0.086	0.314	0.192	0.413	0.123	0.332

从图 6-2 和表 6-2 可以看出：

(1) 0～60s，未加入随机干扰。算法 1 求解误差由 0° 不断增大，最大误差大于1.6°，且有不断增大的趋势；算法 2 求解误差无增大趋势，始终保持在0°左右，误差均值为 –0.1°，误差最大值小于0.3°；算法 3 求解误差无增大趋势，在0°左右变化，误差均值小于0.1°，误差最大值小于0.5°。这说明了单独使用陀螺计算航姿时，误差随时间不断积累，长时间工作误差过大，会导致飞行器姿态控制不稳定；UKF 和自适应 UKF 滤波算法均可抑制陀螺解算的累积误差，验证了传感器数据融合的有效性。算法 2 和算法 3 精度相当，此时自适应环节未起到明显作用。

(2) 60～110s，加入随机干扰。算法 1 和算法 2 的计算误差均有较大波动，算法 1 最大误差超过3°，算法 2 最大误差约为1.6°；算法 3 计算误差小，无明显波动，误差均值小于0.2°，误差最大值小于0.5°。这说明了 UKF 滤波算法无法抑制随机干扰，而自适应 UKF 滤波算法能较好地抑制干扰，这是因为传统 UKF 滤波算法中量测噪声是固定值，而实际噪声是不断变化的，量测噪声统计特性与实际是不相符的；而自适应 UKF 滤波根据量测信息实时的调整噪声的统计特性，提高了量测噪声的准确性，从而减小测量误差。测量结果表明自适应 UKF 滤波算法有较强的抗干扰能力。

(3)110～180s，无随机干扰。结论与 0～60s 相同。三种算法在干扰消除后都能恢复正常。

三种算法的解算的俯仰角误差、偏航角误差分别如图 6-3 和图 6-4 所示。

从图 6-3 和图 6-4 中可以看出，采用自适应 UKF 滤波后，干扰下俯仰角误差和偏航角误差大大减小。

通过对以上仿真结果的对比分析，可得出自适应 UKF 滤波算法有效抑制了干扰对航姿测量的影响，验证了理论的正确性。

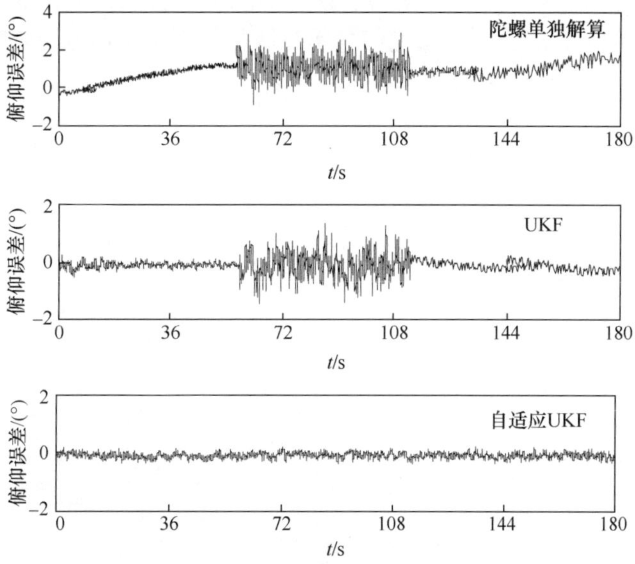

图 6-3 俯仰角误差

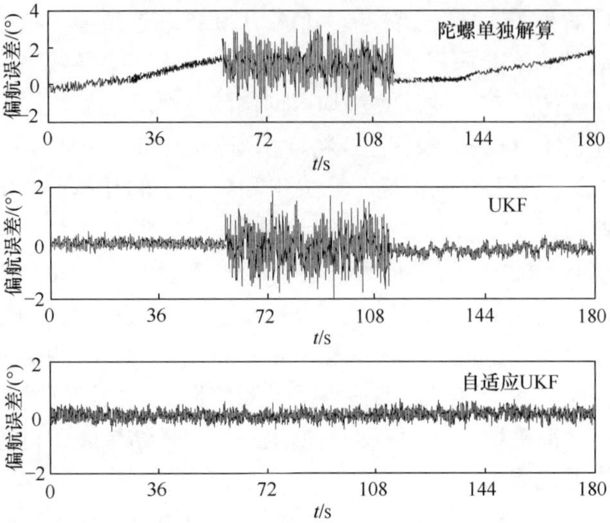

图 6-4　偏航角误差

6.5　本 章 小 结

本章介绍了基于非线性滤波的多传感器组合测姿方法。针对小型共轴无人直升机采用精度高、实时性好的 UKF 算法对陀螺仪、加速度计和磁强计的数据进行融合。针对存在随机干扰，系统误差模型不准确时，UKF 算法滤波精度下降的缺陷，引入自适应算法，根据量测信息实时调整量测噪声协方差阵，提高系统对噪声变化的自适应能力和抗干扰性。

第 7 章　飞行控制系统构建与飞行实验

7.1 引　　言

本章进行了小型共轴无人直升机飞行控制系统的构建，并通过飞行实验测试了飞控系统的实际性能。考虑安全性和实验成本等因素，设计了简化的共轴直升机样机，为了实现实际飞行，除了控制器以外，还在样机上安装了必要的传感器，用于测量样机的位置、姿态等飞行状态。通过遥控模式和自主飞行模式完成了姿态控制、定点悬停、中低速水平飞行和自主航迹飞行等飞行科目，验证了设计的飞行控制系统的位置和姿态控制性能，实验结果表明了设计的飞行控制系统的可行性。

7.2 实 验 系 统

完整的飞行实验系统包括飞行器平台、处理器、传感器、执行器、地面站、通信系统和其他软件系统等多个模块[179]。

在本实验中，飞行控制系统需要具有以下功能。

(1) 实时采集传感器测量的飞行状态信息，主要包括飞行器位置、速度、角速度以及航向和姿态角等；

(2) 实现姿态和位置的控制律解算，要求控制器具有较高的主频和计算速度，满足实时性要求；

(3) 能够将解算出的控制量转换成 PWM 形式输出给执行机构，要求飞控系统具有足够的控制量输出接口和一定的带载能力。

(4) 能够实现与地面控制站的数据通信，包括接收来自地面控制站的控制参数数据，并实时存储到机载控制器中；根据地面站指令完成不同任务和控制状态切换；将飞行器状态参数等数据发送给地面控制站，并实时显示以利于观察和监视。地面站最好具有数据保存功能，以便于后续数据分析。

下面对飞行器样机、主要硬件模块及软件系统进行介绍。

7.2.1 飞行器平台

共轴式布局的小型无人直升机，最重要的结构特点为共轴双旋翼结构。因此，设计了如图 7-1 所示的简单的共轴式直升机样机。样机由机身、旋翼结构总承、起落架等组成。机身采用对称的十字横梁结构，由碳纤维管搭建而成。上下旋翼结构总承采用亚拓 500 航模直升机四桨操纵结构，通过管夹固定在机身上。起落架采用四脚支撑的结构形式。在旋翼下方几何中心处搭建一个碳板平面，该平面通过四根碳管与起落架连接，可以提高机身的扭转刚度，同时该平面远离旋翼结构，振动水平和电磁干扰相对较小，适合放置飞行控制系统和导航系统等电子设备。飞行实验样机的基本参数如表 7-1 所示。样机的结构参数大部分可以通过直接测量得到，转动惯量等不能直接测量的可以通过近似计算得到。

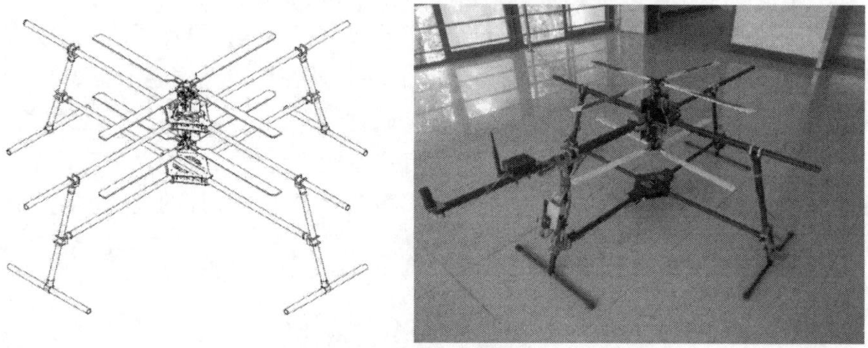

图 7-1　样机结构图

表 7-1　样机基本参数

旋翼直径	986mm	长度	1500mm
桨叶弦长	43mm	宽度	1500mm
桨叶片数	4×2	高度	640mm
翼型	NACA0012	重量	11kg
转速	1600r/min	续航时间	15min

7.2.2　硬件系统

硬件系统是飞行控制系统的基础，主要包括处理器、传感器、执行器和一些外围电路。小型共轴无人直升机装载航电设备的空间有限、电源功率小、带载能力有限，所以，需要按照以下原则来选择飞控系统的硬件模块。

(1) 元器件成本低、体积小、质量轻、功耗低；

(2) 传感器模块能够获取飞行器的位置、加速度、角速率等信息，且具备一定的精度；

(3) 处理器有足够高的运行速度，可以实时地完成传感器数据的处理。

按照上述选取原则，本实验选择了如下主要硬件模块。

1. 处理器

处理器主要完成传感器数据的读取和预处理、姿态和航向的解算、传感器数据的融合、管理飞行器与其他设备的通信等工作。实现诸多功能需具备快速的处理能力、较高的计算速度和丰富的外设接口等。因此，选用 ST 公司生产的基于 Cortex-M4 内核的 STM32F405ZGT6 微控制处理器作为飞控计算机的主处理器。该处理器具有 32 位的 CPU 以及 FPU(浮点运算单元),使其既能够像常规 ARM 处理器一样具有功耗低、处理速度快等特点，又能够像 DSP 处理器一样具有较好的浮点运算能力。168MHz 的工作主频使其足够完成飞控系统任务，此外，STM32F405ZGT6 还具有 14 个定时器、4 个 USART 接口、2 个 UART 接口、3 个 12 位分辨率 ADC 和 1MB 的 Flash 等丰富的硬件资源，保证了这款芯片能够很好地解决诸如串行通信、模拟量采集、PWM 信号捕获、PWM 输出等功能要求。

以 STM32F405 微处理器为核心处理器，借助系统供电电路、串口通信电路、电压测量电路、PWM 捕获电路、PWM 输出电路等辅助，组成了处理器模块的基本架构，如图 7-2 所示。图 7-3 为控制器实物图。

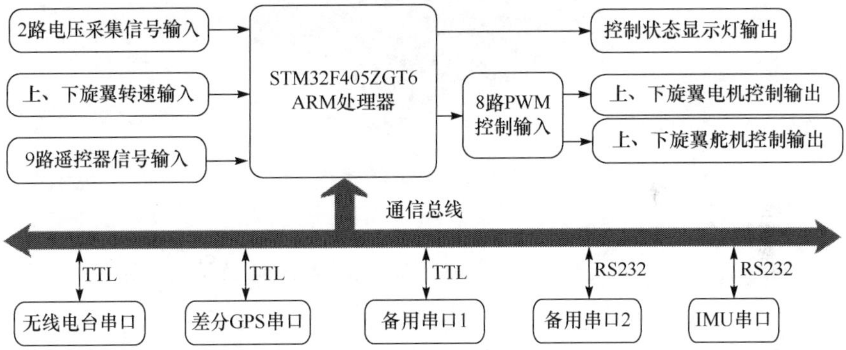

图 7-2　处理器模块基本架构

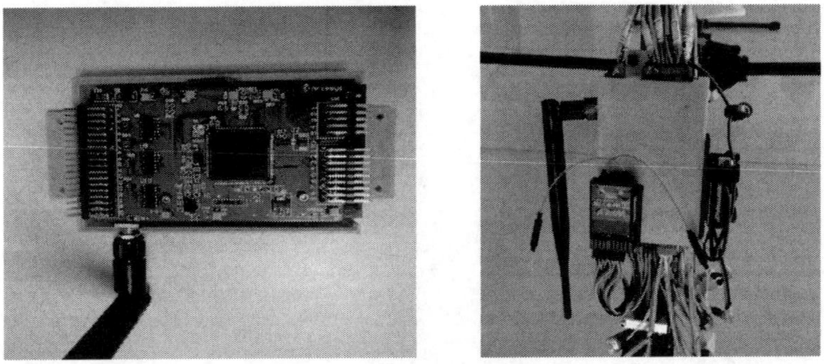

图 7-3　控制器实物图

2. 传感器

本系统使用的传感器主要包括用于航向和姿态测算的航姿解算传感器和用于位置和速度解算的 GPS 模块。

(1) 航姿解算传感器。

选用的航姿测算模块为三驰科技公司研制的 SC-AHRS-100D 惯性导航系统，如图 7-4 所示。设备集成了三轴陀螺仪、加速度计、磁航向计、气压高度计等传感器，实时测量飞行器的姿态角、三轴角速率、三轴加速度等信息。该传感器尺寸小、重量轻且功耗低，5～10V 供电，功率小于 200mW。采用串口 USART 通信，输出为 RS232 信号，传输速率固定为 115200bit/s，数据更新率最大可设为 100Hz。姿态测量误差静态下小于 0.2°，动态下小于 0.3°，航向角测量精度为 2°。

图 7-4　SC-AHRS-100D 惯性导航系统

(2) GPS 模块。

选用 Novatel 公司的 OEM-615 GPS 卫星定位系统测量飞行器的位置、速度，实物如图 7-5 所示。OEM-615 支持 GPS 和 GLONASS 双卫星系统，输入电压为 3.3V，功耗为 1W。可设置最大数据更新率为 20Hz，传输速率 115200bit/s。单点定位精度为 1.2m，差分定位精度可以达到 1cm，速度测量精度为 0.03m/s。

图 7-5　OEM-615 GPS

两套 OEM-615GPS 设备组成一套差分定位系统，系统包括一个基站和一个移动站。基站放在地面固定位置，将接收的测量数据通过和已采集的精准数据相比较，计算出相应的修正参数。移动站搭载在飞行器上，由于基站和移动站工作的环境、时间相同，所以修正参数应一样，移动站利用基站计算出来的修正参数对原始的 GPS 数据进行修正，可以得到厘米级的定位精度。

3. 无线通信模块

飞控计算机与机载传感器通信方式为有线串口通信，飞控计算机与地面控制站之间、机载 GPS 移动站与地面 GPS 基站之间为无线通信。选用 XBEE-900HP 无线数据电台实现地面设备与机载设备的通信，如图 7-6(a)所示，该无线通信模块适合于低延时的点对多点通信，具备点对点通信，点对多点通信能力。最远通信距离可达 13km，一般环境 2～4km。设备配置为串口数据收发，数据频率 900MHz，支持波特率 10k～200kbit/s，其最大发射功率为 250mW。

将两个 XBEE 通信模块的 ID 号与波特率设置成一样就可实现两个无线模块的数据传输。设计的飞控系统中采用两组通信模块，一组用来实现飞控系统与地面控制站的通信，ID 号设置为 777，波特率设置为 115200bit/s。另外一组用来实现机载 GPS 移动站与地面 GPS 基站的数据传输，通信 ID 号设置为 444，波特率设置为 57600bit/s。

直升机遥控飞行模式需要飞手的操纵来调节控制参数，操纵设备选用 Futaba-T14SG 遥控器，搭载 Futaba-6208 接收机，如图 7-6(b)所示，该遥控器最多可扩展至 14 通道，传输频率 2.4GHz，遥控距离约 1000m。遥控器将信号发送给机载的遥控器接收机，飞控计算机通过 PWM 捕获的方式捕获接收机各通道的信号。设计的飞控系统使用了遥控器的 6 个通道。

(a) XBEE-900HP

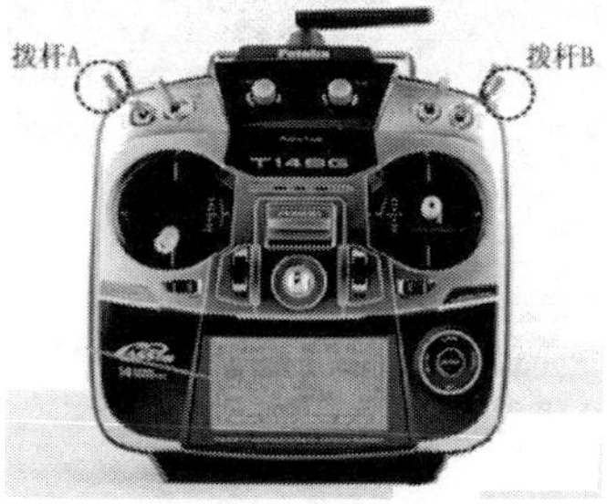

(b) Futaba-T14SG遥控器

图 7-6　无线通信模块

4. 执行机构

样机直升机靠桨盘的运动来改变飞行器的姿态和位置，操纵桨盘的执行机构是舵机。选用 DEKO-6295 高压中型舵机作为桨盘的执行系统，如图 7-7(a)所示，舵机输入电压为 8.4V 时，扭矩可达 5.6kg/cm，响应速度 0.038s。飞控计算机通过 PWM 信号驱动舵机，频率为 50Hz，即周期 20ms，脉宽 0.5～2.5ms，对应舵机转角–90°～90°的位置。

舵机与桨盘连接如图 7-7(b)所示。飞控计算机通过 PWM 信号驱动舵机转角，通过舵机伺服臂、变距拉杆改变自动倾斜器的不动环。每个自动倾斜器由三个舵机控制，共轴式飞行器上下旋翼共有六个舵机。直升机的操纵量包括总距操纵 δ_{col}、航向操纵 δ_{dif}、纵向周期变距 δ_{lon} 和横向周期变距 δ_{lat}，操纵量的输出是通过驱动舵机实现的，根据舵机安放位置的几何关系可以得到操纵输出量与每个舵机桨距角的对应关系。实际中是由飞控计算机输出 PWM 信号来驱动舵机改变对应的桨距角，PWM 信号与舵机对应桨距角的关系可以通过实际标定实验拟合出来。实际的输出过程是，控制器解算出各通道的操纵量，经过舵机分配得到每个舵机应该到达的桨距角，在由标定的曲线得到每个舵机到达该桨距角所对应的 PWM 驱动指令，通过飞控计算机的 PWM 输出模块将驱动指令发送个每个舵机。

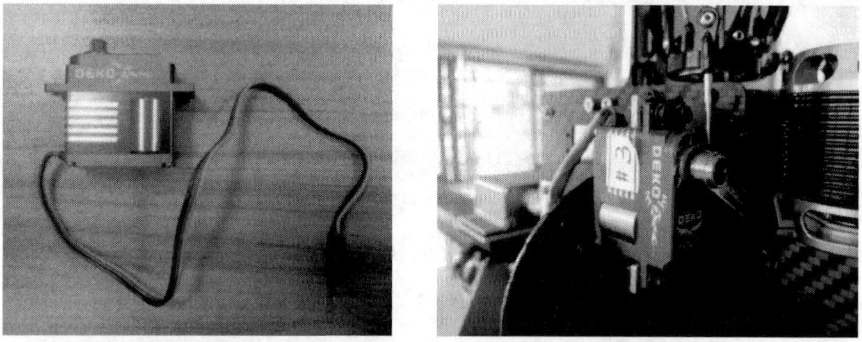

(a) DEKO-6295斜盘舵机　　(b) 舵机与桨盘连接图

图 7-7　执行舵机模块

调速器(如图 7-8(a))和“天蝎星”1350kV 无刷电机(如图 7-8(b))作为驱动旋翼的执行机构。

选用的电机最大输出功率可达 2200W、24.3V 锂电池供电。电调最大输出电流可达 120A，经过实际试飞测量，电调工作时电流为 70A 左右。电调通过交流电压驱动电机，电机通过齿轮的传动带动旋翼旋转，电调的输入信号为 PWM 信号，驱动信号范围是 1.0～2.0ms。在普通模式下，驱动信号越大电机输出转速越大，直升机在飞行时转速是固定的，所以设置电调为直升机模式即定转速模式。

在定转速模式下，驱动信号大于临界值则电机输出的转速维持在设定的转速上。此时电机相当于开关控制，设置驱动信号小于 1.3ms，电机不会转动。驱动信号大于 1.3ms，电机缓启动至设定转速并一直保持在该转速。

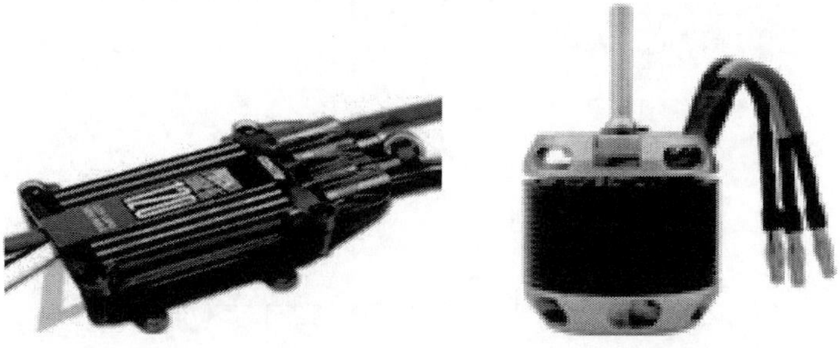

(a) 凤凰120A电调　(b) 天蝎星1350kV电机

图 7-8　电调和电机

7.2.3　软件系统

1. 开发环境 Keil MDK4

在 Keil MDK4 开发环境中完成软件程序的编写，Keil MDK4 具有代码开源、能耗低、可独立运作、互动性强和平台适应性好等优点。

软件系统采用分层程序结构，由下到上包括驱动层、中间层、应用层。驱动层是软件运行的最底层程序，实现微处理器与外部设备的连接。中间层连接软件的驱动层与应用层，层中包括对同种外设类型结构体的封装程序。应用层是软件程序的主体，是飞控系统的决策层。根据实现的功能形式，将应用层的函数划分成单独的任务模块，例如，飞行器状态量的解算任务、自主飞行规划任务、控制律解算任务、模式转换任务等。一些任务模块的实现，是层级的相互配合，这些任务模块通常需要与外部设备进行信息的交互，数据的输入是程序遵循从驱动层→中间层→应用层的过程，而数据的输出则相反。

2. 软件系统工作流程

依据所需实现的功能，设计的软件系统工作流程如图 7-9 所示，主要完成以下任务。

(1) 初始化。

系统上电后，首先需要对程序初始化，初始化的任务包括：系统主频和计时器的初始化、外设接口初始化、参数与变量的初始化。参数与变量的初始化包括飞行状态量的初始赋值、初始化舵机的上电位置、设定返回地面站变量、控制参数的初始赋值等。由于软件中没有嵌入实时的操作系统，设置硬件看门狗来维护程序正常地运行，在外设接口初始化中设置看门狗 2s 产生中断复位，在主循环内首先进行看门狗任务，将看门狗计时器复位，若程序突变跳出主循环，看门狗计时器不会被复位，不断累加到 2s 后产生中断复位，软件程序重新执行[180]。

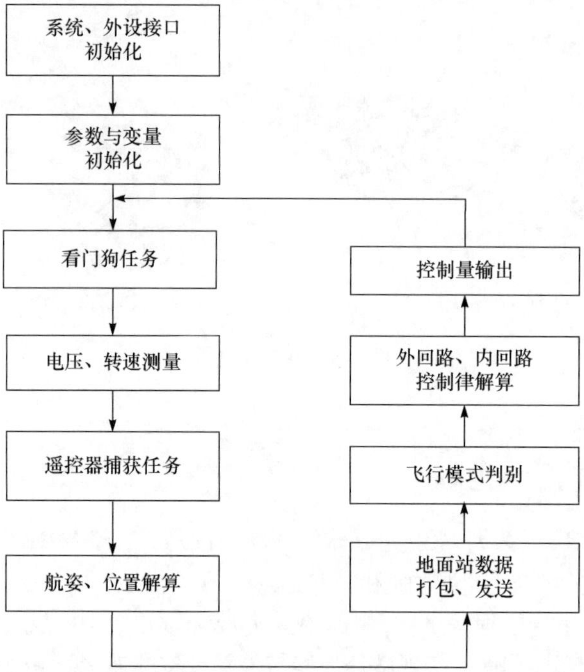

图 7-9　系统软件工作流程图

(2) 主程序任务。

主循环内任务函数执行的先后顺序按照“更新状态量→获取目标量→解算控制律→输出控制量”的策略运行。任务模块分为周期性和触发性两种，周期性任务包括电压、转速测量、地面站发送数据、控制律解算等，触发性任务包括 GPS 数据解包、地面站通信等。内、外回路的设定频率是根据传感器的更新频率来决定的，设定内回路控制律解算频率为 100Hz，外回路控制律解算任务频率为 20Hz。

3. 串口通信

通信是飞控系统的一项重要功能，控制律的解算需要实时的飞行器状态量，设计的飞控系统通过串口与外部设备通信，为了实现程序的模块化，将串口通信中应用的函数与变量封装成一个串口结构体，串口号包含串口的硬件引脚与中断源等信息，STM32F405 处理器共有 6 个串口，故串口号取值为 COM1～COM6。传输速率与外部设备传输速率保持一致。定义了串口的接收、发送缓冲池，防止数据在传输过程中丢帧。中断函数包含对串口的接收、发送、溢出等中断处理方式。待发缓存数组起到过渡的作用，发送的数据帧过于庞大时，先将数据帧先存入待发缓存数组，再一帧一帧地放入发送缓冲池。数据以数据帧格式进行传输，每帧数据包含以下 4 个部分：起始帧、总字节数、数据帧、停止位。

考虑到并不是每次都用到系统提供的全部变量参数，因此，设置了数据传输指令，根据具体指令传输部分或者全部参数。数据接收流程如图 7-10 所示。当串口可用、接收到数据时，执行 SerialCom()函数。首先将数据从缓冲区取出，对比起始帧与预设值，若相同，则接收数据有效。然后根据总字节数为数据分配空间，接收并解析数据，直到接收到停止位，完成数据传输。

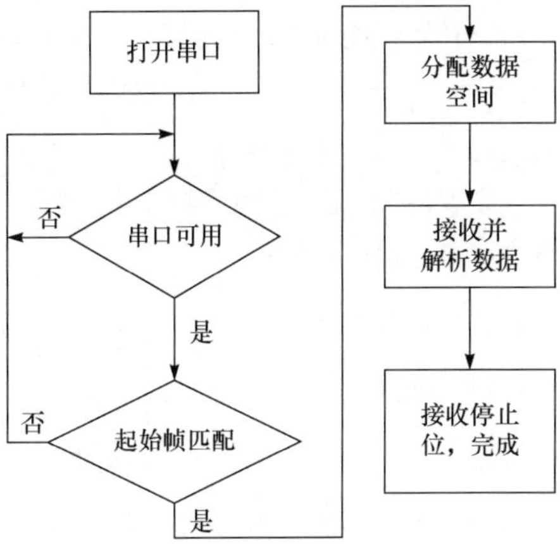

图 7-10　串口接收数据流程

7.3　传感器标定实验

由于传感器测量精度对航姿测量精度有较大影响，而设计的航姿测量系统采用的微机械传感器本身精度不高，因此，在进行系统性能测试之前，必须对传感器进行标定。标定传感器的前提是建立传感器的测量模型，实际中影响传感器测量精度的因素很多，精确的模型往往很复杂。考虑影响传感器测量精度的主要因素，建立简化的测量模型，进而对测量误差进行标定补偿。

7.3.1　传感器输出模型的建立

设计的航姿测量系统用到的传感器主要有陀螺仪、加速度计和磁强计，所以，首先建立实用的陀螺仪、加速度计和磁强计测量模型，然后确定出模型中各个未知参数，完成标定实验。

1. 陀螺仪输出模型

本系统采用的 L3G4200D 是一种三轴振动式微机械陀螺，根据其工作特点，测量误差可分为确定性误差和随机误差。考虑到实际系统的安装误差，陀螺的测量模型为

$$\begin{bmatrix}\hat{\omega}_x\\ \hat{\omega}_y\\ \hat{\omega}_z\end{bmatrix}=\begin{bmatrix}1+g_{xx} & g_{xy} & g_{xz}\\ g_{yx} & 1+g_{yy} & g_{yz}\\ g_{zx} & g_{zy} & 1+g_{zz}\end{bmatrix}\begin{bmatrix}\omega_x\\ \omega_y\\ \omega_z\end{bmatrix}+\begin{bmatrix}\omega_{0x}\\ \omega_{0y}\\ \omega_{0z}\end{bmatrix}+\begin{bmatrix}\beta_x\\ \beta_y\\ \beta_z\end{bmatrix}+\begin{bmatrix}n_{\omega x}\\ n_{\omega y}\\ n_{\omega z}\end{bmatrix} \tag{7-1}$$

其中，$\hat{\omega}_x$、$\hat{\omega}_y$、$\hat{\omega}_z$ 分别为 X、Y、Z 轴真实角速度估计值；ω_x、ω_y、ω_z 为陀螺测量角速度值；$g_{ii}(i=x,y,z)$ 为 i 轴刻度因数误差；$g_{ij}(i,j=x,y,z,i\neq j)$ 为 j 轴相对于 i 轴的非正交误差系数；$\omega_{0i}(i=x,y,z)$ 为 i 轴测量固定零偏；$\beta_i(i=x,y,z)$ 为 i 轴随机漂移；$n_{\omega i}(i=x,y,z)$ 为 i 轴测量噪声。

对于陀螺随机漂移，采用最简单的时间序列分析法建立模型，其模型可以简化为一阶马尔可夫过程[175]，离散化的模型为

$$\begin{bmatrix}\beta_x(k+1)\\ \beta_y(k+1)\\ \beta_z(k+1)\end{bmatrix}=\mathrm{diag}\left(-\frac{1}{\tau_x},-\frac{1}{\tau_y},-\frac{1}{\tau_z}\right)\begin{bmatrix}\beta_x(k)\\ \beta_y(k)\\ \beta_z(k)\end{bmatrix}+\begin{bmatrix}n_{\beta x}\\ n_{\beta y}\\ n_{\beta z}\end{bmatrix} \tag{7-2}$$

其中，$\tau_i(i=x,y,z)$ 为陀螺漂移相关时间；$n_{\beta i}(i=x,y,z)$ 为陀螺漂移噪声；$\tau_i(i=x,y,z)$ 的计算式为

$$\tau_i=-\frac{T}{\ln\varphi_i} \tag{7-3}$$

其中，T 为陀螺采样时间，φ_i 为自回归参数。

2. 加速度计输出模型

本系统采用单个三轴微机械加速度计 ADXL345 测量比力，为了便于标定，只取误差的线性部分，简化的误差模型为

$$\begin{bmatrix}\hat{f}_x\\ \hat{f}_y\\ \hat{f}_z\end{bmatrix}=\begin{bmatrix}1+a_{xx} & a_{xy} & a_{xz}\\ a_{yx} & 1+a_{yy} & a_{yz}\\ a_{zx} & a_{zy} & 1+a_{zz}\end{bmatrix}\begin{bmatrix}f_x\\ f_y\\ f_z\end{bmatrix}+\begin{bmatrix}f_{0x}\\ f_{0y}\\ f_{0z}\end{bmatrix}+\begin{bmatrix}n_{fx}\\ n_{fy}\\ n_{fz}\end{bmatrix} \tag{7-4}$$

其中，$\hat{f}_i(i=x,y,z)$ 为 i 轴比力的真实值；$f_i(i=x,y,z)$ 为 i 轴比力测量值；$a_{ii}(i=x,y,z)$ 为刻度因数误差；$a_{ij}(i,j=x,y,z,i\neq j)$ 为 j 轴 i 轴的非正交误差系数；

$f_{0i}(i=x,y,z)$ 为 i 轴固定零偏；n_{fi} 为 i 轴测量噪声。

3. 磁强计输出模型

系统采用霍尼韦尔 HMC5883L 磁阻传感器，磁强计主要存在两类误差，一类是由材料特性和生产工艺水平等造成的自身误差，主要包括灵敏度误差、偏置误差、非正交误差等；另一类是由飞行器的磁性材料及电子设备等造成的环境干扰误差，可以分为硬磁干扰误差和软磁干扰误差两类。硬磁干扰误差相对于飞行器而言可以看成大小和方向都不改变的常矢量，软磁干扰误差与地磁场矢量和机体与地磁场矢量的夹角有关[181]。

综合考虑磁强计误差，可以建立如下输出模型

$$\hat{\boldsymbol{h}} = \boldsymbol{M}\boldsymbol{h} + \boldsymbol{h}_0 + \boldsymbol{n}_h \tag{7-5}$$

具体形式与式(7-4)的加速度测量模型相同。

其中，$\hat{\boldsymbol{h}}$ 为磁场强度矢量的真实值；$\boldsymbol{h}$ 为磁强计的测量值；$\boldsymbol{M}$ 包含了灵敏度误差、非正交误差以及软磁干扰误差；$\boldsymbol{h}_0$ 为各种误差造成的总的偏置矢量；$\boldsymbol{n}_h$ 为测量噪声。

$\hat{\boldsymbol{h}}_b$ 为机体坐标系下地磁场强度矢量，理想条件下，其计算公式为

$$\hat{\boldsymbol{h}}_b = \boldsymbol{C}_n^b \boldsymbol{h}_n \tag{7-6}$$

其中，$\boldsymbol{C}_n^b$ 为姿态变换矩阵；$\boldsymbol{h}_n$ 为导航坐标系下地磁场强度矢量。当飞行器在小范围内活动时，可以认为 $\boldsymbol{h}_n$ 是常矢量。

7.3.2　传感器的标定

1. 陀螺仪的标定

对于确定性误差，标定的目的是确定刻度因数误差、非正交误差系数零偏误差系数，共 12 个参数，理论上需要至少 12 个方程。一般采用速率标定法对陀螺的确定性误差进行标定，标定在转台上完成。对 12 个参数同时进行标定，设定转台以固定角速度转动，采集传感器的读数，取多次读数的平均值作为测量值。每获取 1 次测量值可以得到 3 个方程，因此只需要获取 4 组测量值即可标定出 12 个参数。为了提高标定精度，采集 12 组测量值，每 4 组得到 1 个标定值，以多个标定值的平均值作为最终的标定值。

最终确定性误差的标定结果为

$$\begin{bmatrix} \hat{\omega}_x \\ \hat{\omega}_y \\ \hat{\omega}_z \end{bmatrix} = \begin{bmatrix} 1.00 & 0.05 & -0.01 \\ 0.01 & 1.00 & 0.05 \\ 0.03 & 0.02 & 1.00 \end{bmatrix} \begin{bmatrix} \omega_x \\ \omega_y \\ \omega_z \end{bmatrix} + \begin{bmatrix} 3.21 \\ 1.02 \\ 2.33 \end{bmatrix} \tag{7-7}$$

2. 加速度计的标定

加速度计的标定多采用多位置标定法，即改变加速度计的各个敏感轴指向，分别使不同轴与重力加速度方向重合，根据多个位置的采样结果确定出误差参数。与陀螺类似，确定 12 个参数只需要采集 4 个位置的数据。为了提高标定精度，采用 12 位置标定法，12 个位置的选取如表 7-2 所示。

表 7-2　12 个位置加速度计标定

序号	*X* 轴	*Y* 轴	*Z* 轴	$\hat{f}_x$	$\hat{f}_y$	$\hat{f}_z$
1	E	S	D	0	0	g
2	E	N	U	0	0	$-g$
3	W	S	U	0	0	$-g$
4	W	N	D	0	0	g
5	S	D	E	0	g	0
6	S	U	W	0	$-g$	0
7	N	U	E	0	$-g$	0
8	N	D	W	0	g	0
9	U	E	N	$-g$	0	0
10	U	W	S	$-g$	0	0
11	D	E	S	g	0	0
12	D	W	N	g	0	0

表中，E、W、S、N、U、D 分别对应地理坐标系中的东、西、南、北、天、地，g 为当地重力加速度。标定过程忽略测量噪声。

加速度计最终的标定结果为

$$\begin{bmatrix} \hat{f}_x \\ \hat{f}_y \\ \hat{f}_z \end{bmatrix} = \begin{bmatrix} 1.00 & 0.00 & -0.01 \\ 0.00 & 1.00 & 0.03 \\ 0.01 & 0.01 & 1.00 \end{bmatrix} \begin{bmatrix} f_x \\ f_y \\ f_z \end{bmatrix} + \begin{bmatrix} 3.20 \\ 2.35 \\ 1.43 \end{bmatrix} \tag{7-8}$$

3. 磁强计的标定

磁强计的标定参数采用最大似然估计法进行估计。误差校正模型可以转化为如下形式

$$\min \sum_{i=1}^{n} \left(\left\| (\boldsymbol{M}\boldsymbol{h} - \boldsymbol{h}_0) - \hat{\boldsymbol{h}} \right\| \right)^2 \tag{7-9}$$

式(7-9)符合多项式最小二乘拟合的基本方程形式 $\boldsymbol{Ax} = \boldsymbol{b}$ ，利用正交因子分解法，求出 $\boldsymbol{M}$ 和 $\boldsymbol{h}_0$ 。

本系统所用磁强计的最终标定结果为

$$
\begin{bmatrix} \hat{h}_x \\ \hat{h}_y \\ \hat{h}_z \end{bmatrix} = \begin{bmatrix} 1.02 & 0.08 & 0.01 \\ -0.01 & 0.99 & 0.02 \\ 0.09 & 0.02 & 1.00 \end{bmatrix} \begin{bmatrix} h_x \\ h_y \\ h_z \end{bmatrix} + \begin{bmatrix} -23.47 \\ -29.07 \\ -35.54 \end{bmatrix} \tag{7-10}
$$

7.3.3　标定后的数据分析

标定完成后，采集一组数据进行分析。图 7-11 为实际保存的传感器标定后的数据。

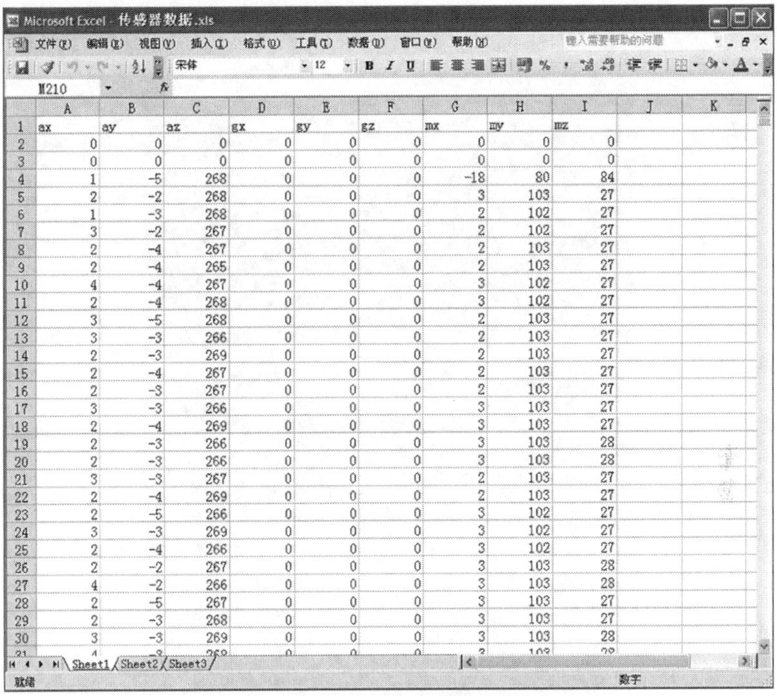

	ax	ay	az	gx	gy	gz	mx	my	mz
2	0	0	0	0	0	0	0	0	0
3	0	0	0	0	0	0	0	0	0
4	1	-5	268	0	0	0	-18	80	84
5	2	-2	268	0	0	0	3	103	27
6	1	-3	268	0	0	0	2	102	27
7	3	-2	267	0	0	0	2	102	27
8	2	-4	267	0	0	0	2	103	27
9	2	-4	265	0	0	0	2	103	27
10	4	-4	267	0	0	0	3	102	27
11	2	-4	268	0	0	0	3	102	27
12	3	-5	268	0	0	0	2	103	27
13	3	-3	266	0	0	0	2	103	27
14	2	-3	269	0	0	0	2	103	27
15	2	-4	267	0	0	0	2	103	27
16	2	-3	267	0	0	0	2	103	27
17	3	-3	266	0	0	0	3	103	27
18	2	-4	269	0	0	0	3	103	27
19	2	-3	266	0	0	0	3	103	28
20	2	-3	266	0	0	0	3	103	28
21	3	-3	267	0	0	0	2	103	27
22	2	-4	269	0	0	0	2	103	27
23	2	-5	266	0	0	0	3	102	27
24	3	-3	269	0	0	0	3	102	27
25	2	-4	266	0	0	0	3	102	27
26	2	-2	267	0	0	0	3	103	28
27	4	-2	266	0	0	0	3	103	28
28	2	-5	267	0	0	0	3	103	27
29	2	-3	268	0	0	0	3	103	27
30	3	-3	269	0	0	0	3	103	28

图 7-11　保存的传感器数据

图中，*ax*、*ay*、*az* 分别为加速度计 *X*、*Y*、*Z* 轴输出加速度值，*gx*、*gy*、*gz* 分别为陀螺仪 *X*、*Y*、*Z* 轴输出角速度值，*mx*、*my*、*mz* 分别为磁强计 *X*、*Y*、*Z* 轴输出磁场强度值。系统水平放置时，加速度计 *X* 轴和 *Y* 轴测量值为 0，*Z* 轴测量值应该为 1g，数字加速度计的刻度系数为 3.75mg，*Z* 轴实际测量值约为 $267 \times 3.75\text{mg} = 1001.25\text{mg}$；静止时，角速度为 0，陀螺仪测量值近似为 0；经纬度计算得地磁场强度为 520mGuass，天向磁场分量为 140mGuass，磁强计的刻度系数为 4.95mGuass，*Z* 轴实际测量值为 $28 \times 4.95\text{mGuass} = 138.60\text{mGuass}$。传感器的测量数据与实际值基本吻合，因此，传感器输出值是可信的，说明标定是有效的。

7.4 飞行实验

编写并下载飞控软件程序，首先检测飞控计算机的底层驱动程序，确保串口通信、PWM 捕获、PWM 输出等功能运行正常。然后进行控制器静态测试，即在电机不工作的情况下，检测控制器是否有效工作。最后进行实际的试飞测试，调节各通道控制器的控制参数，使飞行器稳定飞行。图 7-12 为实际试飞的效果图。

图 7-12　实际试飞的效果图

7.4.1 姿态控制

首先进行内回路控制器飞行试验，此时飞控系统工作在遥控器操纵模式下，控制模式为姿态控制模式。滚转、俯仰、偏航通道都为姿态角闭环控制，由遥控器给出各通道的角度目标量。垂向通道为总距开环控制。采集实验样机在姿态控制模式下的飞行数据，得到各通道的姿态响应曲线，如图 7-13～图 7-15 所示。

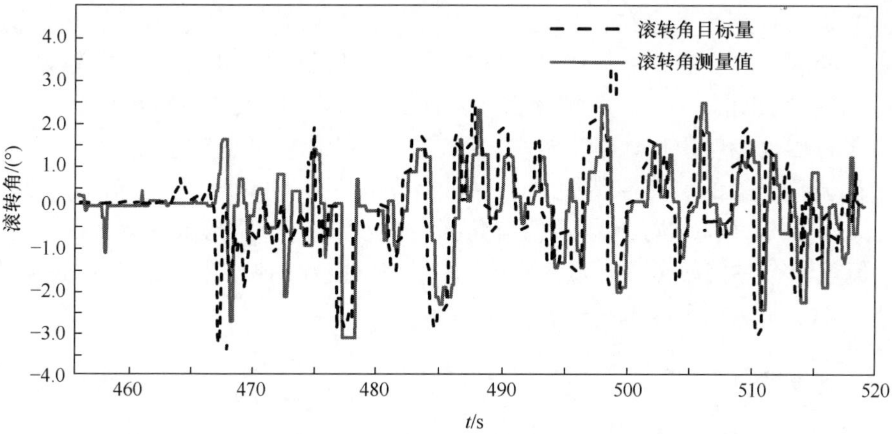

图 7-13　滚转角变化曲线

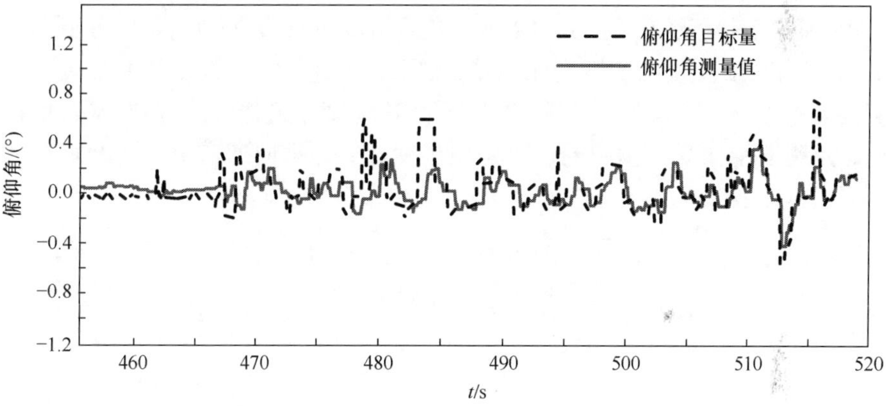

图 7-14　俯仰角变化曲线

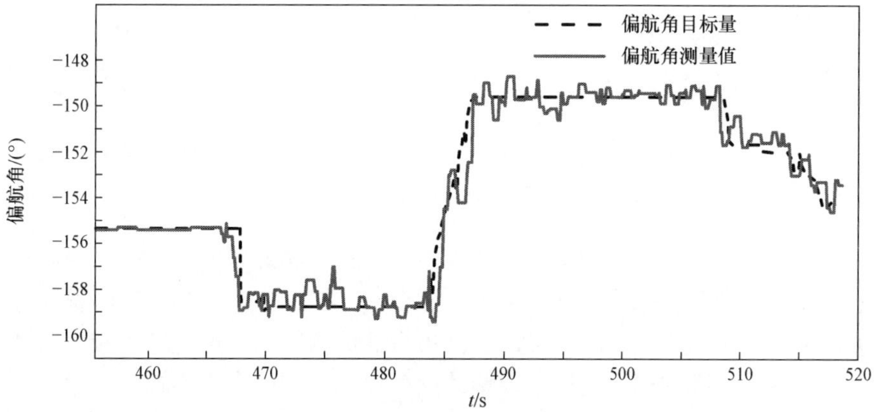

图 7-15　偏航角变化曲线

采集飞控系统工作在455～520s时间段内的各通道目标量与实际状态量的数据，绘制成响应曲线。在姿态控制模式下，飞行器机动性较强，能较好地跟随控制指令。由图 7-13 可知，即使瞬间给出一个较大度数的滚转角目标量(468s时)，飞行器也能够很快地响应过去。由图 7-13 和图 7-14 的响应曲线可以看出，滚转和俯仰通道的总体控制效果能达到 1°左右。图 7-15 为偏航通道响应曲线，可以看出偏航角能较好地跟随偏航角指令的变换，当偏航角目标量保持不变时，偏航角会在偏航角目标量 ± 1.5°左右波动。设计的控制器跟踪响应速度快，精度较高，能够保证样机平稳飞行。

7.4.2　高度控制

在姿态+定高控制模式下，采用高度闭环控制飞行器的垂向通道，实现飞行器的高度控制。直升机经历了从加速上升、减速上升、加速下降、减速下降的过程，采集飞控系统在 125～185s 垂向通道的飞行数据，如图 7-16 所示，(a)和(b)分别为高度和垂向速度变化曲线，图 7-16(a)中控制模式为 1 代表飞行器处于姿态控制模式，2 代表飞行器处于姿态+定高控制模式，在控制器切换的前后，控制器结构只在垂向通道上发生了变化，即垂向通道由总距开环控制切换到高度闭环控制。

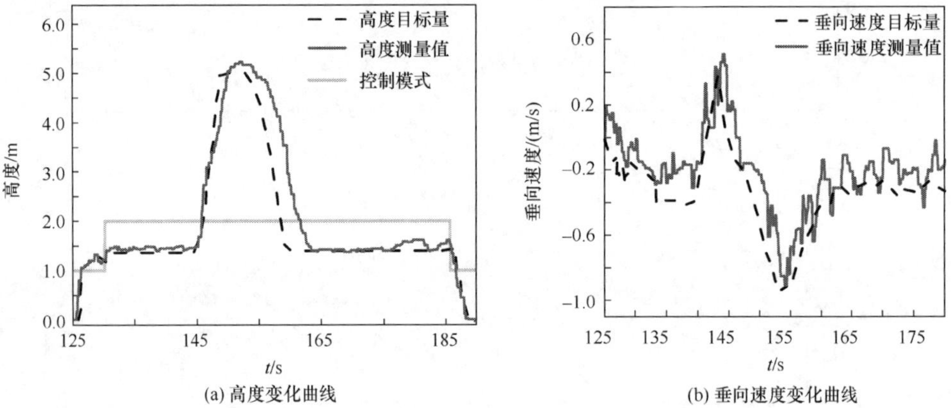

(a) 高度变化曲线　　(b) 垂向速度变化曲线

图 7-16　垂向响应曲线

高度目标量由遥控器的总距拨杆给出，由图 7-16(a)可知，飞行器的高度能够稳定在设定的高度目标量附近，误差在 0.5m 左右。图 7-16(b)为垂向操纵过程中的垂向速度响应曲线，从图中可以看出飞行器经历了从加速上升、减速上升、加速下降、减速下降的过程，符合设计的高度控制器结构实现形式。

7.4.3　悬停控制

在位置控制模式下，横纵向通道采用位置闭环控制，控制飞行器到达指定的位置。位置控制模式下，横纵向控制器结构采用内外环回路的形式。在该模式下飞行器更加稳定，在无位置目标量输入的情况下，飞行器悬停在当前点。图 7-17 为飞行器悬停状态下响应曲线。

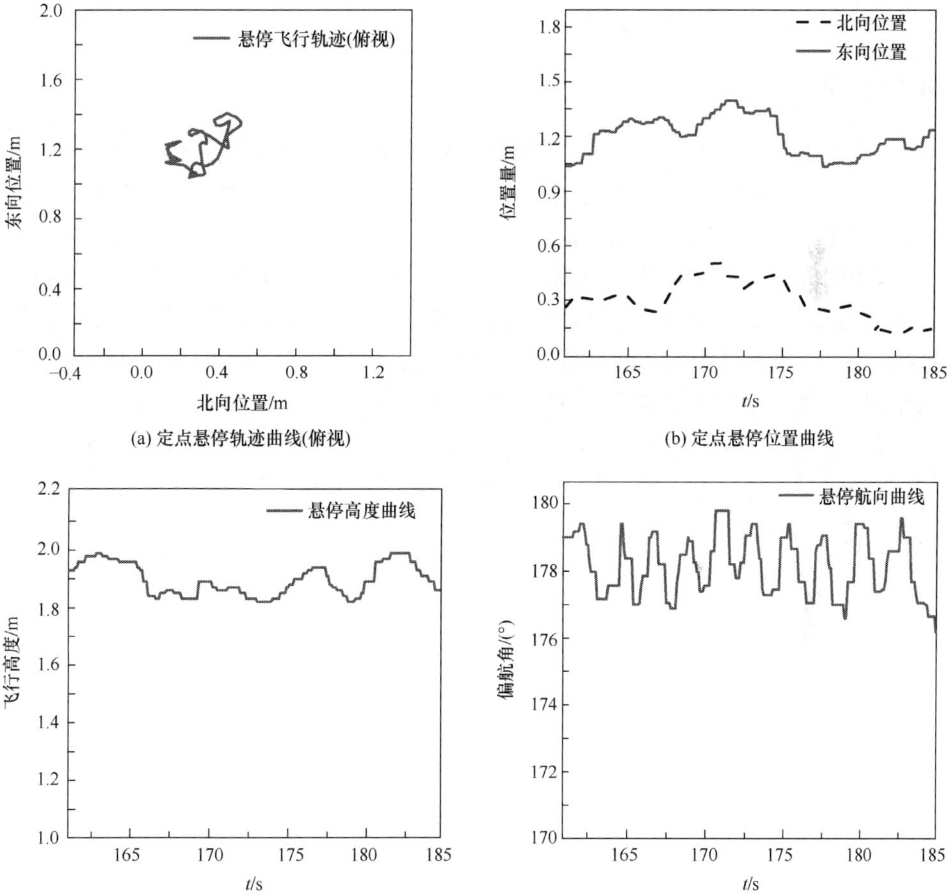

(a) 定点悬停轨迹曲线(俯视)

(b) 定点悬停位置曲线

(c) 定点悬停高度曲线

(d) 定点悬停偏航角曲线

图 7-17　定点悬停响应曲线

采集系统 160～185s 内，悬停状态下的状态量。图 7-17(a)为飞行器在悬停状态下的飞行轨迹的俯视图，可以看出飞行器的位置以悬停目标点为中心，半径为 0.2m 的范围内变化。图 7-17(b)为飞行器北向、东向位置量随时间的变化量，北向位置最大变化了 0.3m，东向位置变化较大为 0.45m，但可以认为都保持在悬停位置附近。

图 7-17(c)为悬停状态下高度随时间变化的曲线，高度基本保持在 1.9m 左右，上下浮动小于 0.2m。图 7-17(d)为偏航角随时间变化的曲线，偏航角在 178°左右浮动，波动幅度小于 2°。从图 7-17(c)与图 7-17(d)可以看出，飞行器的高度和偏航角都在目标量附近来回摆动，这是由共轴式飞行器垂向与航向耦合造成的，高度的抖动带来航向状态的变化。垂向稳定性较高度摆动周期小，偏航通道属于中性稳定，故摆动频率高于垂向通道。综上所述，飞行器在悬停状态下，位置、高度、航向都保持在某一状态，达到了悬停的效果。

7.4.4　水平速度控制

在位置控制模式下，由遥控器给出横纵向目标量可是实现飞行器中低速度水平飞行。图 7-18 和图 7-19 为飞行器水平纵向飞行下的状态量曲线，图 7-20 和图 7-21 为飞行器水平横向飞行下的状态量曲线。

系统时间 170～210s 为飞行器水平纵向飞行状态。图 7-18 为纵向速度测量值与纵向速度目标量的曲线，飞行器纵向状态变化过程为加速后飞、减速后飞，再转为加速前飞。整个飞行过程中，纵向速度紧随目标量变化。图 7-19 为飞行器水平纵向飞行过程中横向速度和高度变化曲线，可以看出，横向速度没有明显变化，在 0m/s 附近波动；高度保持稳定，实现了飞行器的水平纵向飞行。系统时间 280～325s 为飞行器水平横向飞行状态。状态变换曲线如图 7-20 和图 7-21 所示，同水平纵向飞行一致，飞行器能够实现横向的稳定飞行。

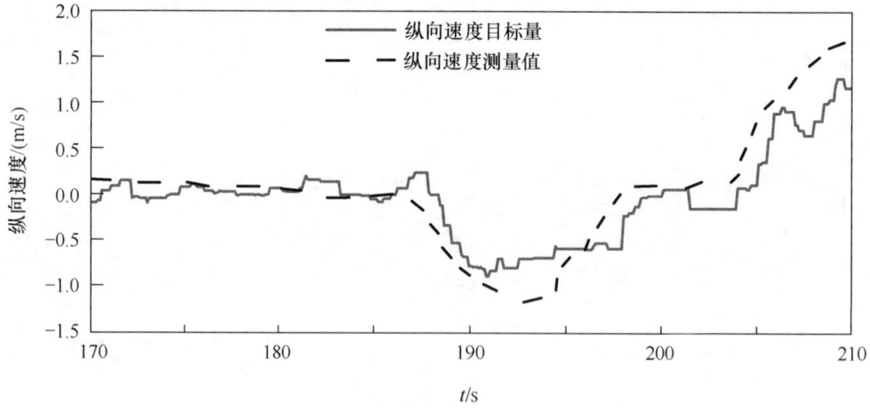

图 7-18　水平纵向飞行时纵向速度曲线

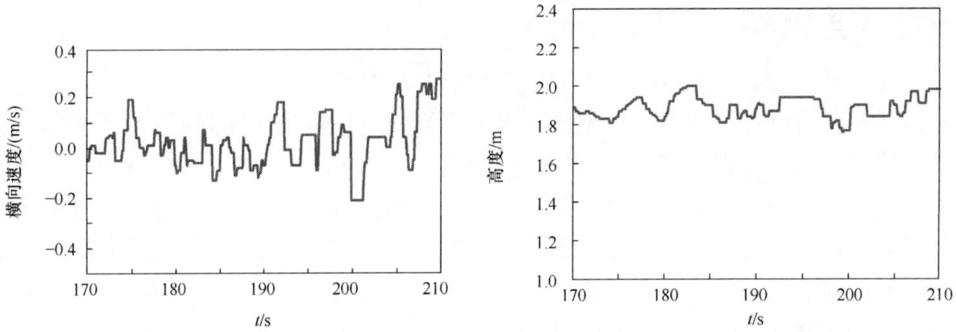

(a) 横向速度变化曲线　　(b) 高度变化曲线

图 7-19　水平纵向飞行横向速度和高度曲线

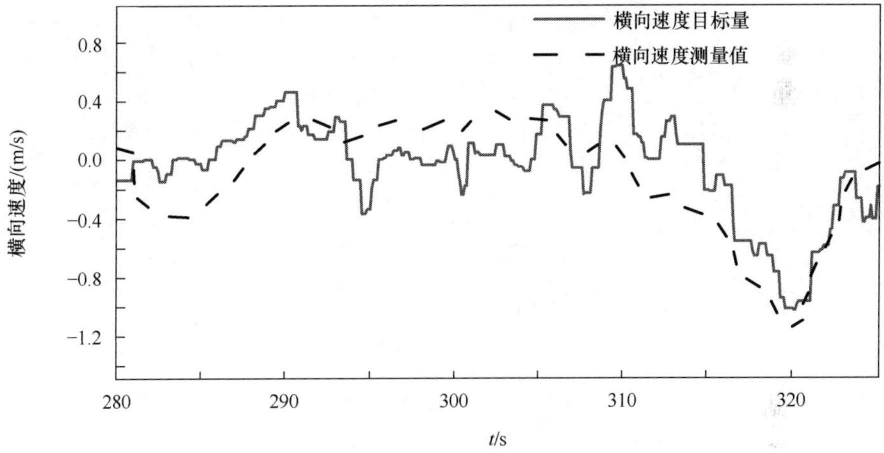

图 7-20　水平横向飞行时横向速度曲线

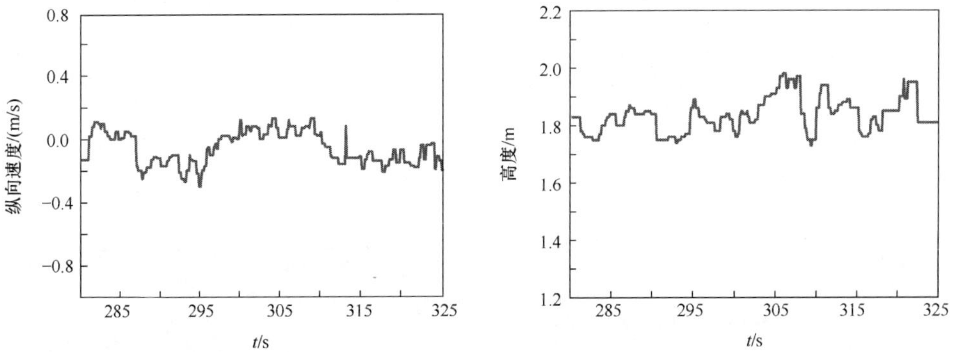

(a) 纵向速度变化曲线　　(b) 高度变化曲线

图 7-21　水平横向飞行时纵向速度和高度曲线

7.4.5 自主航点飞行控制

在实现了姿态、高度、水平速度单独控制的基础上，设计飞行器的自主航迹飞行任务飞行试验，通过按设定航点自主飞行来进一步检测控制器的综合性能，任务流程为：飞行器在起飞点起飞，垂向爬升至 1.5m 的高度，悬停等待 2s，水平飞行至下一航点，到达目标点后悬停等待 10s，水平飞行至下一航点，到达目标点后悬停等待 2s，水平返回至起飞点，到达目标点后悬停等待 2s，降落到地面。

目标航点采用离线打点的方式事先储存在飞控软件系统中，因为飞行器平台左右结构对称，飞行过程中不改变航向，图 7-22～图 7-24 为飞行器自主航迹飞行的状态曲线。

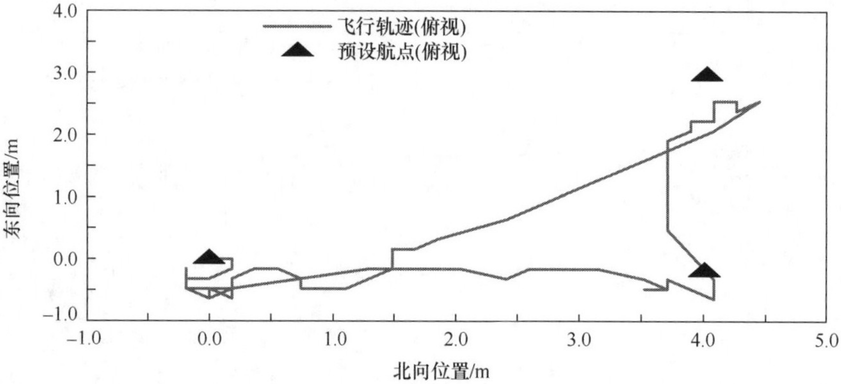

图 7-22　自主航点飞行轨迹

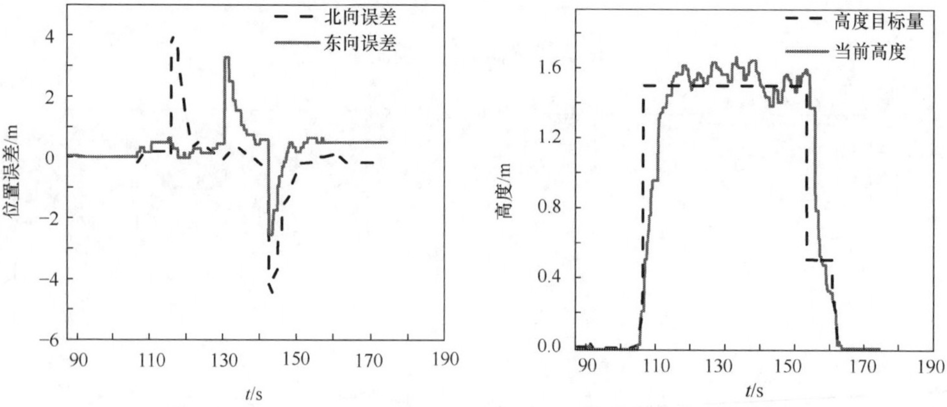

(a) 水平位置误差　　(b) 高度曲线

图 7-23　自主航点飞行位置曲线

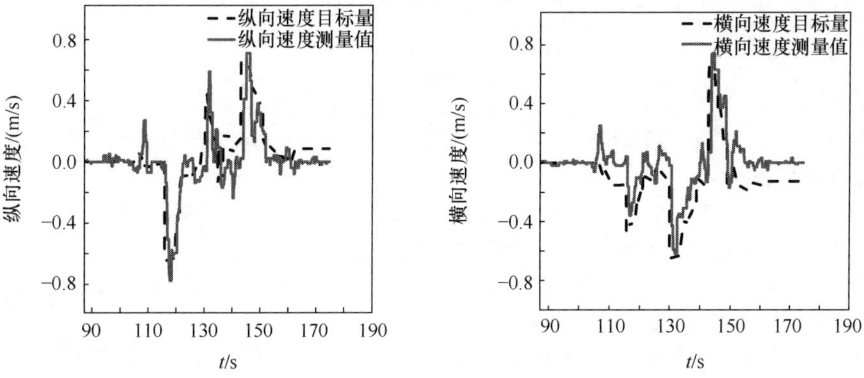

(a) 纵向速度　　(b) 横向速度

图 7-24　自主航点飞行速度曲线

如图 7-22 所示，飞行器在自主飞行模式下，初步完成了三个航点的航迹飞行任务。由图 7-23 可以看出飞行器起飞后，向北飞行了 4m，又向东飞行了 3.5m 左右，然飞回了起飞点，整个飞行过程高度一直保持在 1.5m 的飞行高度，速度的变化曲线与设计的位置控制器实现形式一致，如图 7-24 所示。在更新目标点后，位置误差量增大，主要是由于飞行器以较快的速度飞往目标点，建模存在较大偏差，加上外界的未知噪声，导致控制器性能下降，位置偏差较大。随着位置误差的减小，飞行器的速度逐渐降低，飞至目标点悬停。说明设计的控制器在干扰条件下以较快速度飞行时的性能仍需进一步提高。

7.5　本 章 小 结

本章构建了飞控系统并进行了相关飞行实验。首先对飞行器平台和硬件、软件系统进行了设计，然后实施了遥控模式下的姿态跟踪、高度跟踪、定点悬停、水平飞行和自主航点飞行等一系列飞行试验。实验结果表明姿态控制误差在 1°左右，高度误差约为 0.5°；能够实现悬停，水平飞行等功能，跟踪精度较小；基本能够按照设定的航点进行飞行。实验结果表明了设计的飞控系统的可行性。

参 考 文 献

[1] Valavanis K P. Unmanned Aerial Vehicles[M]. Berlin: Springer, 2011.

[2] 安格洛夫. 无人飞行器系统的感知与规避：研究与应用[M]. 齐晓慧，田庆民，译. 北京：国防工业出版社, 2014.

[3] 唐帅. 小型无人直升机非线性建模与控制系统设计[D]. 长沙：国防科学技术大学, 2014.

[4] 彭召勇. 无人直升机飞行控制技术研究[D]. 南京：南京航空航天大学, 2001.

[5] Raptis L A, Valavanis K P. 小型无人直升机线性与非线性控制[M]. 肖阳，赵友乐，吴勇，译. 北京：国防工业出版社, 2015.

[6] 董志岩. 共轴双旋翼无人直升机建模与控制算法研究[D]. 长春：吉林大学, 2016.

[7] 陈铭. 共轴双旋翼直升机的技术特点及发展[J]. 航空制造技术, 2009, 17(1): 26-31.

[8] 黄旭，王常虹. 基于微机械惯性器件和磁强计的姿态航向系统[J]. 传感器与微系统，2005, 24(8): 54-56.

[9] Koehl A, Rafaralahy H, Boutayeb M, et al. Aerodynamic modelling and experimental identification of a coaxial-rotor UAV[J]. Journal of Intelligent and Robotic System, 2012, 68: 53-68.

[10] Juhasz O, Syal M, Celi R, et al. Comparison of three coaxial aerodynamic prediction methods including validation with model test data[J]. Journal of the American Helicopter Society, 2014, 59: 032006.

[11] 于琦. 俄罗斯空军直升机简介[J]. 直升机技术, 2005, 143: 47-53.

[12] 欧飞. 共轴式直升机配平和飞行性能计算方法研究[D]. 南京：南京航空航天大学, 2016.

[13] 丁力. 小型无人直升机飞行动力学、控制及试验研究[D]. 南京：南京航空航天大学, 2016.

[14] 贺跃帮. 小型无人直升机鲁棒非线性控制研究[D]. 广州：华南理工大学, 2013.

[15] 贺天鹏，张俊，曾国奇，等. 无人直升机系统设计[M]. 北京：国防工业出版社, 2016.

[16] Sheng S Z, Sun C W, Duan H B, et al. Longitudinal and lateral adaptive flight control design for an unmanned helicopter with coaxial rotor and ducted fan[C]//Proceedings of the 33rd Chinese Control Conference, Nanjing, 2014: 130-135.

[17] 袁夏明，朱纪洪，陈志刚，等. 一种共轴式直升机操纵机构的运动学建模与分析[J].航空学报, 2013, 34(5): 988-1000.

[18] 柯吉. 基于预测控制的微型共轴无人直升机飞行控制研究[D]. 西安：西北工业大学, 2015.

[19] 石征锦，宫政伟，赵方昕，等. 共轴双旋翼飞行器建模及纵向姿态控制优化[J]. 航天控制, 2017, 35(3): 24-29.

[20] 伊朝阳. 共轴双桨飞行器的建模控制与实现[D]. 北京：北京工业大学, 2017.

[21] 谭剑锋，孙义鸣，王浩文，等. 共轴刚性双旋翼非定常气动干扰载荷分析[J]. 北京航空航天大学学报, 2018, 44(1): 50-62.

[22] 陈挚. 鲁棒滑模控制理论及其在无人直升机的应用[D]. 南京：南京航空航天大学, 2017.

[23] Vilchis J C A, Brogliato B, Dzul A, et al. Nonlinear modelling and control of helicopters[J]. Automatica, 2003, 39(9): 1583-1596.

[24] Kondak K, Bernard M, Losse N, et al. Elaborated modeling and control for autonomous small size helicopters[J]. VDI Berichte, 2006, 19: 207-219.

[25] Harun M, Song J B, Chae S, et al. Unmanned coaxial rotor helicopter dynamics and system parameter estimation[J]. Journal of Mechanical Science and Technology, 2014, 28(9): 3797-3805.

[26] Dadkhah N, Mettler B. System identification modeling and flight characteristics analysis of miniature coaxial helicopter[J]. Journal of the American Helicopter Society, 2014, 59: 042011.

[27] Bink J J, Sharf I, Gool P C A, et al. Design of stability augmentation system for a model helicopter[C]//American Helicopter Society Annual Forum, Washington, 1998: 806-821.

[28] Lai G, Fregene K, Wang D. A control structure for autonomous model helicopter navigation[C]//IEEE Conference on Electrical and Computer Engineering, Canadian, 2000, 1: 103-107.

[29] 陈铭, 胡继忠. 共轴式直升机全差动航向操纵的动态响应分析[J]. 飞行力学, 2001, 19(4): 26-30.

[30] 陈铭, 胡继忠, 曹义华. 共轴式直升机半差动航向操纵的动态响应分析[J]. 北京航空航天大学学报, 2002, 28(5): 524-527.

[31] 周国仪, 胡继忠, 王晋军, 等. 共轴式直升机线性系统建模[J].飞行力学, 2004, 22(4): 19-21.

[32] 周国仪, 胡继忠, 曹义华, 等. 共轴式直升机双旋翼载荷计算模型研究[J]. 航空动力学报, 2003, 18(3): 343-347.

[33] 贺天鹏, 李书, 张俊, 等. 共轴式直升机双旋翼系统的多体动力学模型[J]. 振动、测试与诊断, 2013, 33(1): 91-96.

[34] 聂资, 陈铭, 李仁府. 小型共轴式直升机纵横向动力学建模与辨识[J]. 华中科技大学学报(自然科学版), 2012, 40(6): 44-48.

[35] 张兴文, 陈铭, 马艺敏, 等. 基于 UKF 的共轴式无人直升机模型辨识[J]. 航空动力学报, 2015, 30(10): 2523-2530.

[36] 聂资, 陈铭, 徐冠峰. 总距突增时共轴式直升机瞬态操纵响应分析[J]. 航空动力学报, 2012, 27(3): 521-527.

[37] Zimmer H. The aerodynamic calculation of counter rotating coaxial rotors[C]//Proceedings of the 11th European Rotorcraft and Powered Lift Forum, London, 1985: 112-122.

[38] Nagashima T, Nakanishi K. Optimum performance and wake geometry of co-axial rotor inhover[C]//DGLR 7th European Rotor-craft and Powered Lift Aircraft Forum, 1981.

[39] 陈铭, 胡继忠, 曹义华. 共轴双旋翼前飞气动特性固定尾迹分析[J]. 北京航空航天大学学报, 2004, 30(1): 74-78.

[40] 张昆. 基于 CFD 方法的高速直升机共轴刚性双旋翼的气动特性研究[D].南京: 南京航空航天大学, 2012.

[41] 张银. 复合式共轴刚性旋翼直升机气动干扰及飞行特性分析[D]. 南京: 南京航空航天大学, 2014.

[42] Roberts C J, Johnson R C, Davis R A. A practical co-axial twin rotor model[J]. Vertica, 1990, 14(1): 61-68.

[43] Andrew M J. Co-axial rotor aerodynamics in hover[J]. Vertica, 1981, 5(2): 163-172.

[44] Valkov T Y. Aerodynamic load computation on coaxial hingeless helicopter rotor[J]. AIAA, 1990.

[45] 王平. 共轴式旋翼悬停状态气动特性研究[D]. 南京: 南京航空航天大学, 1997.
[46] 姬乐强, 朱清华, 崔钊, 等. 共轴双旋翼自转气动特性[J]. 航空动力学报, 2012, 27(9): 2013-2020.
[47] 苏大成, 史勇杰, 黄水林, 等. 共轴刚性旋翼气动干扰特性研究[J]. 航空科学技术, 2015, 26(11): 10-18.
[48] Schafroth D. Modeling system identification and robust control of a coaxial micro helicopter[J]. Control Engineering Practice, 2010, 7(18):700-711.
[49] 王强, 陈铭, 王保兵, 等. 旋翼几何参数对共轴双旋翼悬停性能的影响[J]. 航空动力学报, 2014, 29(6): 1434-1443.
[50] 朱正, 招启军, 李鹏. 悬停状态共轴刚性双旋翼非定常流动干扰机理[J]. 航空学报, 2016, 37(2): 568-578.
[51] Chen R T N. A survey of nonuniform inflow models for rotorcraft flight dynamics and control applications[J]. Vertica, 1990, 14(2): 147-184.
[52] 何淼磊, 贺继林, 周烜亦. 小型无人直升机鲁棒飞行控制[J]. 机器人, 2016, 38(3): 337-342, 351.
[53] Chen H T, Song S M, Zhu Z B. Robust finite-time attitude tracking control of rigid spacecraft under actuator saturation[J]. International Journal of Control, Automation and Systems, 2018, 16(1): 1-15.
[54] 魏青铜, 陈谋, 吴庆宪. 输入饱和与姿态受限的四旋翼无人机反步姿态控制[J]. 控制理论与应用, 2015, 32(10): 1361-1369.
[55] Mazenc F, Burlion L, Malisoff M. Backstepping design for output feedback stabilization for a class of uncertain systems[J]. Systems and Control Letters, 2019, 123: 134-143.
[56] Shim D H, Kim H J, Sastry S. Control system design for rotorcraft-based unmanned aerial vehicles using time-domain system identification[C]//Proceedings of the IEEE International Conference on Control Applications, Anchorage, 2000: 808-813.
[57] Kim H J, Shim D H. A flight control system for aerial robots: algorithms and experiments[J]. Control Engineering Practice, 2003, 11(12): 1389-1400.
[58] Roberts J M, Corke P I, Buskey G. Low-cost flight control system for a small autonomous helicopter[C]//Proceedings of 2003 Australasian Conference on Robotics and Automation, TaiPei, 2003, 1: 546-551.
[59] Saripalli S, Roberts J M, Corke P I, et al. A tale of two helicopters[C]//IEEE/RSJ International Conference on Intelligent Robots and Systems,LasVegas, 2003, 1: 805-810.
[60] Conway A R. Autonomous control of an unstable model helicopter using carrier phase GPS only[D]. Palo Alto: Stanford University, 1995.
[61] 李慧, 王飞, 贺天鹏. 共轴式无人直升机的高度控制系统设计[J]. 航空制造技术, 2015, 16: 71-74, 78.
[62] 张佳鑫. 共轴式无人直升机飞行控制律设计[D]. 哈尔滨: 东北农业大学, 2016.
[63] Zhu X, Nieuwstadt M. The caltech helicopter control experiment[R]. Pasadena: California Institute of Technology, 1996.
[64] Gavrilets V, Martinos I, Mettler B, et al. Control logic for automated aero-batic flight of a

miniature helicopter[C]//Proceedings of the AIAA Guidance, Navigation and Control Conference, San Francisco, 2002.

[65] Gavrilets V, Mettler B, Feron E. Human-inspired control logic for automated maneuvering of miniature helicopter[J]. Journal of Guidance, Control and Dynamics, 2004, 27(5): 752-759.

[66] Wang B, Chen B M, Lee T H. An RPT approach to time-critical path following of an unmanned helicopter[C]//The 8th IEEE Control Conference, Kaohsiung, 2011: 211-216.

[67] Bergerman M, Amidi O, Miller J R, et al. Cascaded position and heading control of a robotic helicopter[C]//Proceedings of the IEEE/RSJ International Conference on Intelligent Robots and Systems, San Diego, 2007: 135-140.

[68] 姜哲, 赵新刚, 齐俊桐, 等. 基于主动建模的无人直升机增强 LQR 控制[J]. 吉林大学学报(信息科学版), 2007, 25(5): 553-559.

[69] Kim H C, Dharmayanda H R, Kang T, et al. Parameter identification and design of a robust attitude controller using H_∞ methodology for the raptor E620 small-scale helicopter[J]. International Journal of Control, Automation and Systems, 2012, 10(1): 88-101.

[70] Gadewadikar J, Lewis F L, Subbarao K, et al. Structured H_∞ command and control-loop design[J]. Journal of Guidance, Control and Dynamics, 2008, 31(4): 1093-1102.

[71] Pradana W, Joelianto E, Budiyono A, et al. Robust MIMO H_∞ integral-backstepping PID controller for hovering control of unmanned model helicopter. Journal of Aerospace Engineering, 2011, 24(4): 454-462.

[72] Wang H, Mian A A, Wang D, et al. Robust multi-mode flight control design for an unmanned helicopter based on multi-loop structure[J]. International Journal of Control, Automation and Systems, 2009, 7(5): 723-730.

[73] Gadewadikar J, Lewis F L, Subbarao K, et al. H-infinity static output-feedback control for rotorcraft[J]. Journal of Intelligent and Robotic Systems, 2009, 54(4): 629-646.

[74] 宋宝泉. 小型无人直升机非线性建模与控制算法研究[D]. 长沙: 国防科学技术大学, 2010.

[75] 刘福春, 裴海龙, 刘馨, 等. 小型无人直升机建模及鲁棒 H_∞ 控制[C]//Proceedings of the 29th Chinese Control Conference, Beijing, 2010.

[76] Civita M L. Integrated modeling and robust control for full-envelope flight of robotic helicopter[D]. Pittsburgh: Carnegie Mellon University, 2002.

[77] 斯洛廷, 李卫平. 应用非线性控制[M]. 北京: 国防工业出版社, 1991.

[78] Koo T J, Sastry S. Output tracking control design of a helicopter model based on approximate linearization[C]//Proceedings of the 37th IEEE Conference on Decision and Control, Tampa, 1998: 3635-3640.

[79] Koo T J, Sastry S. Differential flatness based full authority helicopter control design[C]//Proceedings of the 37th IEEE Conference on Decision and Control, Phoenix, 1999: 1982-1987.

[80] 薛东彬, 赵辉杰. 基于反馈线性化的无人直升机参数估计与自适应控制[J]. 中国电子科学研究院学报, 2014, 9(4): 339-343.

[81] 袁夏明, 朱纪洪, 毛漫. 共轴式无人直升机建模与鲁棒跟踪控制[J]. 控制理论与应用, 2014, 31(10): 1285-1294.

[82] Fang X, Wu A G, Shang Y J, et al. A novel sliding mode controller for small-scale unmanned

helicopters with mismatched disturbance[J]. Nonlinear Dynamics, 2016, 83(1): 1053-1068.

[83] Mahony R, Hamel T. Robust trajectory tracking for a scale model autonomous helicopter[J]. Journal of Robust and Nonlinear Control, 2004, 14(12): 1035-1059.

[84] Pota H R, Ahmed B, Garratt M. Velocity control of a UAV using backstepping control[C]//Proceedings of the 45th IEEE Conference on Decision and Control, San Diego, 2006: 5894-5899.

[85] Ahmed B, Pota H R, Garratt M. Rotary wing UAV position control using backstepping[C]//Proceedings of the 46th IEEE Conference on Decision and Control, New Orleans, 2007: 1957-1962.

[86] Raptis I A, Valavanis K P, Moreno W A. System identification and discrete nonlinear control of miniature helicopters using backstepping[J]. Journal of Intelligent and Robotic Systems, 2009, 55(2): 223-243.

[87] 方星, 吴爱国, 董娜. 阵风干扰下无人直升机轨迹的自适应反步控制[J]. 中国惯性技术学报, 2015, 23(1): 59-65.

[88] 周健, 王敏, 洪良, 等. 小型无人直升机反步自适应控制[J]. 计算机工程与应用, 2018, 54(11): 236-240.

[89] Wang X Y, Yu X, Li S H, et al. Composite block backstepping trajectory tracking control for disturbed unmanned helicopters[J]. Aerospace Science and Technology, 2019, 30(4): 267-280.

[90] Fu J, Chen W H, Wu Q X. Sliding mode control for a miniature helicopter[C]//Proceedings of the 16th International Conference on Automation and Computing, Birmingham, 2010: 98-103.

[91] Ifassiouen H, Guisser M, Medromi H. Robust nonlinear control of a miniature autonomous helicopter using sliding mode control structure[J]. Journal of Applied Mathematics and Computer Sciences, 2007, 4(1): 31-36.

[92] Guo J C, Xian B. Robust adaptive control design for rotorcraft unmanned aerial vehicles based on sliding mode approach[J]. Transactions of Tianjin University, 2014, 20(6): 393-401.

[93] Ginoya D, Shendge P D, Phadke S B. Sliding mode control for mismatched uncertain systems using an extended disturbance observer[J]. IEEE Transactions on Industrial Electronics, 2014, 61(4): 1983-1992.

[94] Fang X, Wu A G, Shang Y J, et al. Robust control of small-scale unmanned helicopter with matched and mismatched disturbances[J]. Journal of the Franklin Institute, 2016, 353: 4803-4820.

[95] 方星, 吴爱国, 董娜. 非匹配扰动干扰下的无人直升机轨迹跟踪控制[J]. 控制理论与应用, 2015, 32(10): 1325-1334.

[96] 柯吉, 王伟, 李爱军, 等. 微型共轴直升机的非线性模型预测控制[J]. 西北工业大学学报, 2013, 31(2): 172-178.

[97] Liu C, Chen W, Andrews J. Tracking control of small-scale helicopters using explicit nonlinear MPC augmented with disturbance observers[J]. Control Engineering Practical, 2012, 20(3): 258-268.

[98] 陈旭智, 蒙志君, 赵文龙, 等. 适应扰动的无人直升机姿态跟踪控制[J]. 控制理论与应用, 2015, 32(11): 1534-1539.

[99] 姜哲. 基于自抗扰控制的直升机航向控制方法[J]. 系统科学与数学, 2012, 32(6): 641-652.
[100] 方勇纯, 申辉, 孙秀云, 等. 无人直升机航向自抗扰控制[J]. 控制理论与应用, 2014, 31(2): 238-243.
[101] 姜辰, 王浩文, 李健珂, 等. 无人直升机自抗扰自适应轨迹跟踪混合控制[J]. 工程科学学报, 2017, 39(11): 1743-1752.
[102] Bogdanov A, Wan E. State-dependent Riccati equation control for small autonomous helicopters[J]. Journal of Guidance, Control and Dynamics, 2007, 30(1): 47-60.
[103] 吴爱国, 方星, 郭润夏. 基于 SDRE 的无人直升机姿态控制[J]. 地下空间与工程学报, 2012, 8(1): 1491-1495.
[104] Johnson E N, Kannan S K. Adaptive trajectory control for autonomous helicopters[J]. Journal of Guidance, Control and Dynamics, 2005, 28(3): 524-538.
[105] Nodland D, Zargarzadeh H, Jagannathan S. Neural network-based optimal adaptive output feedback control of a helicopter UAV[J]. IEEE Transactions on Neural Networks and Learning Systems, 2013, 24 (7): 1061-1073.
[106] Kadmiry B, Driankov D. A fuzzy gain-scheduler for the attitude control of an unmanned helicopter[J]. IEEE Transactions on Fuzzy Systems, 2004, 12(4): 502-515.
[107] Liu Z X, Yuan C, Zhang Y M, et al. A learning-based fuzzy LQR control scheme for height control of an unmanned quadrotor helicopter[C]//Proceedings of the 2014 International Conference on Unmanned Aircraft Systems, Orlando, 2014: 936-941.
[108] Tanaka K, Ohtake H, Tanaka M, et al. A Takagi-Sugeno fuzzy model approach to vision-based control of a micro helicopter[C]//Proceedings of the 51st IEEE Conference on Decision and Control, Maui, 2012: 6217-6222.
[109] 陈林. GPS 姿态测量系统研究[D]. 重庆: 重庆大学, 2007.
[110] 梁志剑, 马铁华, 范锦彪, 等. 飞行体姿态惯性测量技术综述[J]. 探测与控制学报, 2010, 32(5): 11-15.
[111] Zhong M, Huang B.A MEMS-based inertial navigation system for mobile miniature robots[C]//International Conference on Manufacturing Science and Technology, Nanjing, 2011: 7189-7197.
[112] 李兴城, 牛宏宇. 基于磁阻传感器的旋转弹姿态测量算法研究[J]. 计算机仿真, 2012, 29(5): 51-54.
[113] Gao W G, Yang Y X, Cui X Q, et al. Application of adaptive Kalman filtering algorithm in IMU/GPS integrated navigation system[J]. Geo-Spatial Information Science, 2007, 10(1): 22-26.
[114] 韦庆洲, 罗兆文, 朱昱, 等. 基于GPS的飞机姿态实时测量实现及误差分析[J]. 测绘科学, 2010, 35(4): 20-22.
[115] 李沛, 罗武胜, 李冠章. 一种基于双目视觉原理的飞机尾旋运动姿态测量方法[J]. 国防科技大学学报, 2008, 30(2): 107-111.
[116] 艾莉莉, 袁峰, 丁振良. 应用线阵 CCD 的空间目标外姿态测量系统[J]. 光学精密工程, 2008, 16(1): 161-165.
[117] Jin J, Tian H, Zhang C, et al. Stellar sensor based nonlinear model error filter for gyroscope

drift extraction[J]. Optik, 2010, 121(22): 2017-2022.

[118] Hajiyev C. Adaptive filtration algorithm with the filter gain correction applied to integrated INS/Radar altimeter[J]. Journal of Aerospace Engineering, 2007, 221(5): 847-855.

[119] 梁锋. 基于MEMS惯性器件的小型姿态测量系统设计[D]. 哈尔滨: 哈尔滨工程大学, 2011.

[120] 肖文健. 微小型无人机航姿测量系统设计与实现[D]. 石家庄: 军械工程学院, 2013.

[121] 邓志红, 付梦印, 张继伟. 惯性器件与惯性导航系统[M]. 北京: 科学出版社, 2012.

[122] 孙冬梅, 田增山, 韩令军. 捷联惯导系统中四元素法求解姿态角仿真模拟[J]. 弹箭与制导学报, 2009, 29(1): 51-53,60.

[123] 周江华, 苗育红, 王明海. 姿态运动的 Rodrigues 参数描述[J]. 宇航学报, 2004, 25(5): 514-519.

[124] 袁星. 多传感器信息融合技术在AUV导航中的应用[D]. 西安: 西北工业大学, 2005.

[125] Liu Y, Jiang X, Ma G. Marginalized particle filter for spacecraft attitude estimation from vector measurements[J]. Journal of Control Theory and Applications, 2007, 5(1): 60-66.

[126] 沈晓卫, 姚敏立, 赵鹏. 基于互补滤波的动中通天线姿态估计[J]. 中国惯性技术学报, 2011, 19(2): 194-197.

[127] 韩辅君, 徐静, 宋世忠. 基于低成本多传感器的自适应组合滤波[J]. 光学精密工程, 2011, 19(12): 3007-3015.

[128] Xiong K, Liu L D, Liu Y W. Regularized robust filter for spacecraft attitude determination[J]. Chinese Journal of Aeronautics, 2011, 24(4): 467-475.

[129] Edwan E, Knedlik S, Loffeld O. Constrained angular motion estimation in a gyro-free IMU[J]. IEEE Transactions on Aerospace and Electronic Systems, 2011, 47(1): 596-610.

[130] Zhou Z X, Gao Y N, Chen J B. Unscented Kalman filter for SINS alignment[J]. Journal of Systems Engineering and Electronics, 2007, 18(2): 327-333.

[131] 徐定杰, 贺瑞, 沈锋, 等. 基于新息协方差的自适应渐消卡尔曼滤波器[J]. 系统工程与电子技术, 2011, 33(12): 2696-2699.

[132] Chen R T N. Effects of primary rotor parameters on flapping dynamics[R]. Moffett Field: NASA Ames Research Center, TR-1431, 1980.

[133] 高正, 陈仁良. 直升机飞行动力学[M]. 北京: 科学出版社, 2003: 45-48.

[134] Raptis I A, Valavanis K P, Vachtsevanos G J. Linear tracking control for small-scale unmanned helicopters[J]. Transactions on Control Systems Technology, 2012, 20(4): 995-1010.

[135] 李宏伟, 张晓林. 共轴无人直升机航线飞行中航向反馈问题[J]. 北京航空航天大学学报, 2008, 34(1): 59-62.

[136] Alvarenga J, Vitzilaios N I, Valavanis K P, et al. Survey of unmanned helicopter model-based navigation and control techniques[J]. Journal of Intelligent and Robotic System, 2015, 80: 87-138.

[137] 邓高湘, 裴海龙. 基于 LQR 的无人直升机姿态控制器设计[J]. 计算机测量与控制, 2015, 23(1): 106-109.

[138] McFarlane D, Glover K. A loop-shaping design procedure using H_∞ synthesis[J]. IEEE Transactions on Automatic Control, 1992, 37(6): 759-769.

[139] 于霜, 吴洪涛, 丁力. 小型无人直升机的静态 H_∞ 输出反馈控制[J]. 控制工程, 2017,

24(10): 2059-2063.

[140] Lu J G, Chen G R. Robust stability and stabilization of fractional-order interval systems: an LMI approach[J]. IEEE Transactions on Automatic Control, 2009, 54(6): 1294-1299.

[141] 孙妙平, 刘静静, 年晓红, 等. 基于区间矩阵的四旋翼无人机鲁棒跟踪控制[J]. 控制理论与应用, 2017, 34(2): 168-178.

[142] 孙文达, 李平, 方舟. 无人直升机动态逆时滞不确定鲁棒最优控制[J]. 浙江大学学报(工学版), 2015, 49(7): 1326-1334.

[143] 孙文达. 小型无人直升机非线性建模与控制研究[D]. 杭州: 浙江大学, 2014.

[144] Liu H, Li D J, Zuo Z Y, et al. Robust attitude control for quadrotors with input time delays[J]. Control Engineering Practice, 2017, 58: 142-149.

[145] Saravanakumar R, Syed A M, Huang H, et al. Robust H_∞ state-feedback control for nonlinear uncertain systems with mixed time-varying delays[J]. International Journal of Control, Automation and Systems, 2018, 16(1): 225-233.

[146] Gong C, Zhang X, Wu L G. Multiple-integral inequalities to stability analysis of linear time-delay systems[J]. Journal of the Franklin Institute, 2017, 354: 1446-1463.

[147] Lee T H, Park J H. A novel Lyapunov functional for stability of time-varying delay systems via matrix-refined-function[J]. Automatica, 2017, 80: 239-242.

[148] Park P, Ko J W, Jeong C. Reciprocally convex approach to stability of systems with time-varying delays[J]. Automatica, 2011, 47: 235-238.

[149] Lin W J, He Y, Zhang C K, et al. Stability analysis of neural networks with time-varying delay: enhanced stability criteria and conservatism comparisons[J]. Communication in Nonlinear Science and Numerical Simulation, 2018, 54: 118-135.

[150] Song B Q, Liu Y, Fan C. Feedback linearization of the nonlinear model of a small-scale helicopter[J]. Journal of Control Theory and Application, 2010, 8(3): 301-308.

[151] Lee C T, Tsai C C. Adaptive backstepping integral control of a small-scale helicopter for airdrop missions[J]. Asian Journal of Control, 2010, 12(4): 531-541.

[152] Zhu B, Huo W. Adaptive backstepping control for a miniature autonomous helicopter[C]//Proceedings of the 50th IEEE Conference on Decision and Control and European Control Conference, Orlando, 2011: 5413-5418.

[153] Muñoz F, González H I, Salazar S, et al. Second order sliding mode controllers for altitude control of a quadrotor UAS: real-time implementation in outdoor environments[J]. Neurocomputing, 2017, 233: 61-71.

[154] Song B Q, Fan C, Liu Y, et al. Nonlinear system and control of the model-scale helicopter[C]//Proceedings of the IEEE International Conference on Robotics and Biomimetics, Guilin, 2009: 1081-1086.

[155] Raptis I A, Valavanis K P. Velocity and heading tracking control for small-scale unmanned helicopters[C]//Proceedings of the American Control Conference, San Francisco, 2011: 1579-1586.

[156] Lee C T, Tsai C C. Improved nonlinear trajectory tracking using RBFNN for a robotic helicopter[J]. International Journal of Robust and Nonlinear Control, 2010, 20(10): 1079-1096.

[157] Ahmed B, Pota H R, Matt G. Flight control of a rotary wing UAV using backstepping[J]. International Journal of Robust and Nonlinear Control, 2010, 20(6): 639-658.

[158] 孙秀云, 方勇纯, 孙宁. 小型无人直升机的姿态与高度自适应反步控制[J].控制理论与应用, 2012, 29(3): 381-388.

[159] Mokhtari M R, Braham A C, Cherki B. Extended state observer based control for coaxial-rotor UAV[J]. ISA Transactions, 2016, 61: 1-14.

[160] Li R, Chen M, Wu Q X. Adaptive neural tracking control for uncertain nonlinear systems with input and output constraints using disturbance observer[J]. Neurocomputing, 2017, 235(1): 27-37.

[161] He Y B, Pei H L, Sun T R. Robust tracking control of helicopters using backstepping with disturbance observers[J]. Asian Journal of Control, 2014, 16(6): 1-16.

[162] Xu Y J. Multi-time scale nonlinear robust control for a miniature helicopter[J]. IEEE Transactions on Aerospace and Electronic Systems, 2010, 46(2): 656-671.

[163] Jia Z Y, Yu J Q, Mei Y S, et al. Integral backstepping sliding mode control for quadrotor helicopter under external uncertain disturbances[J]. Aerospace Science and Technology, 2017, 68(3): 299-307.

[164] 方星. 非匹配扰动下小型无人直升机鲁棒飞行控制算法研究[D]. 天津: 天津大学, 2016.

[165] Yang J, Su J, Li S H. High-order mismatched disturbance compensation for motion control systems via a continuous dynamic sliding mode approach[J]. IEEE Transactions on Industrial Informatics, 2014, 10(1): 604-614.

[166] Cai G W, Chen B M, Lee T H. Unmanned Rotorcraft Systems[M]. London: Springer, 2011.

[167] Gao Z Q. Scaling and bandwidth parameterization based on controller tuning[C]//American Control Conference(ACC),Denver, 2006, 6: 4989-4996.

[168] Zheng Q, Gao L Q, Gao Z Q. On stability analysis of active disturbance rejection control for nonlinear time-varying plants with unknown dynamics[C]//The 46th IEEE Conference on Decision and Control,New Orleans, 2007: 3501-3506.

[169] Yazıcı B, Izzetog˘lu M, Onaral B, et al. Kalman filtering for self-similar processes[J]. Signal Processing, 2006, 86(4): 760-775.

[170] 叶锃锋, 冯恩信. 基于四元数和卡尔曼滤波的两轮车姿态稳定方法[J]. 传感技术学报, 2012, 25(4): 524-528.

[171] EI Madbouly E E, Abdalia A E, EI BanbyGh M. Fuzzy adaptive Kalman filter for multi-sensor system[C]//International Conference on Networking and Media Convergence, Cairo, 2009: 141-145.

[172] Shi E. An improved real-time adaptive Kalman filter for low-cost integrated GPS/INS navigation[C]//Proceedings of International Conference on Measurement, Information and Control, Harbin, 2012: 1093-1098.

[173] Zhang Z T, Zhang J S. A strong tracking nonlinear robust filter for eye tracking[J]. Journal of Control Theory and Application, 2010, 8(4): 503-508.

[174] 何友, 王国宏. 信息融合理论及应用[M]. 北京: 电子工业出版社, 2010.

[175] 苑艳华, 李四海, 南江. 基于卡尔曼滤波器的航姿系统测姿算法研究[J]. 传感技术学报,

2011, 24(12): 1718-1722.

[176] 秦伟, 苑伟政, 常洪龙, 等. 基于自适应 UKF 算法的 MEMS 陀螺空中在线标定技术[J]. 中国惯性技术学报, 2011, 19(2): 170-174.

[177] Guo J D, Xia P Q, Song Y G. Parameter estimation method for full envelop flight of small unmanned tilt rotor[J]. Journal of Chinese Inertial Technology, 2013, 21(2): 192-198.

[178] Kashyap R L. Maximum likelihood identification of stochastic linear systems[J]. IEEE Transactions on Automatic Control, 1970, 15(1): 25-34.

[179] 苏延旭. 嵌入式飞行控制系统设计、实现与验证[D]. 南京: 南京航空航天大学, 2015.

[180] 黄益新. 嵌入式机载控制器设计与应用[D]. 南京: 南京航空航天大学, 2018.

[181] 龙礼, 张合, 刘建敬. 姿态检测地磁传感器误差分析与补偿方法[J]. 中国惯性技术学报, 2013, 21(1): 80-83.

彩　　图

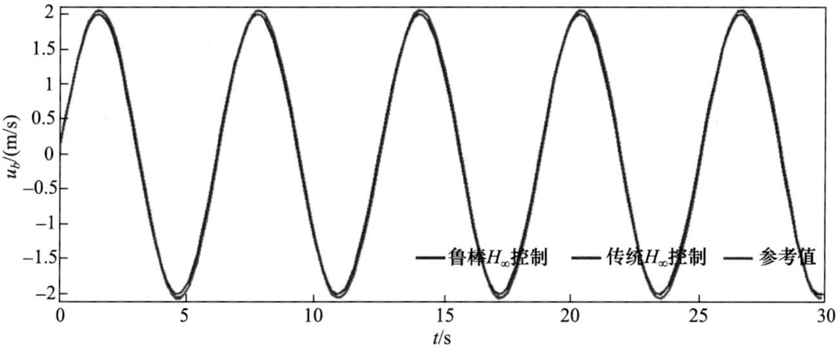

图 3-1　纵向速度 $\boldsymbol{x}_{3r}$ 跟踪响应

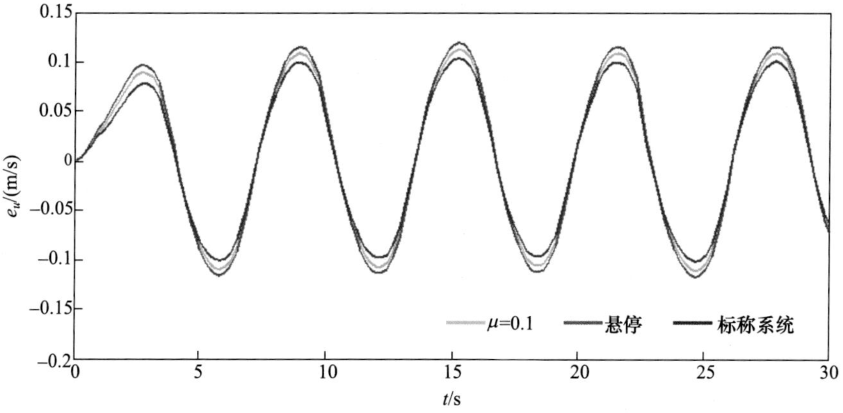

图 3-3　控制器对应的纵向速度跟踪误差

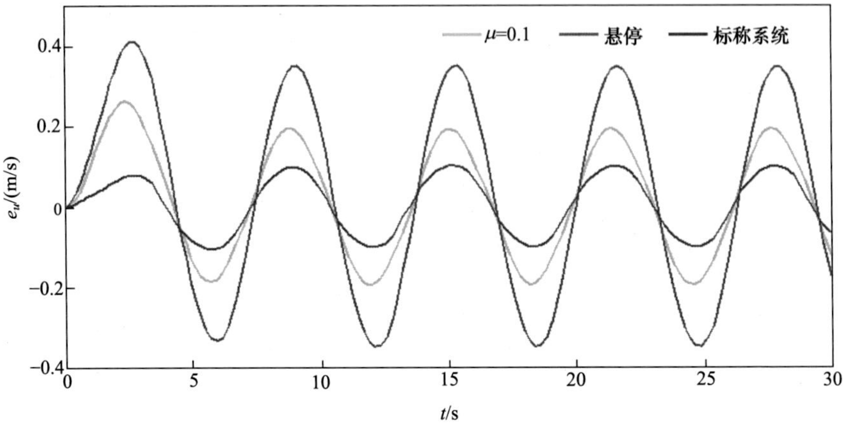

图 3-4　传统控制器对应的纵向速度跟踪误差

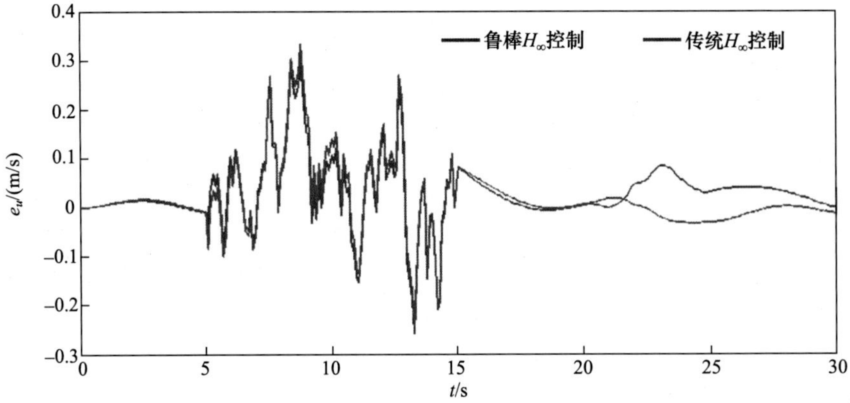

图 3-5　纵向速度跟踪误差

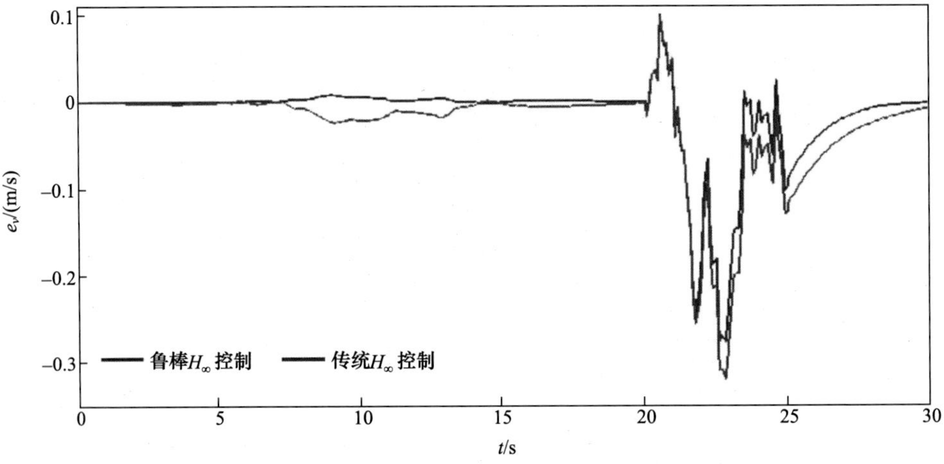

图 3-6　横向速度跟踪误差

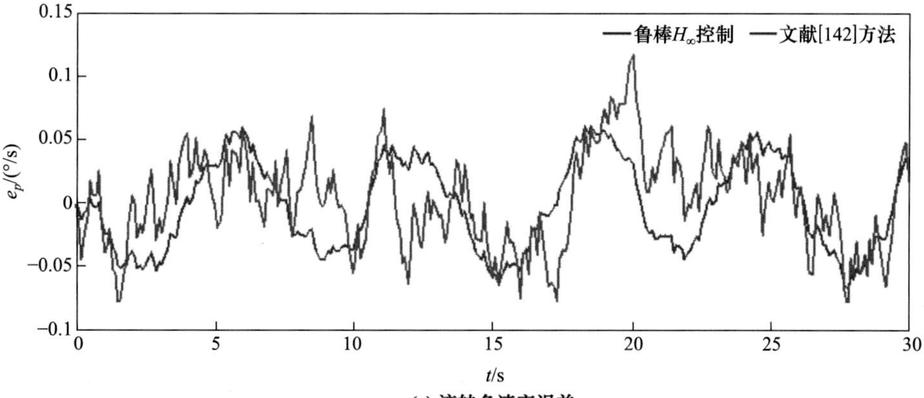

(a) 滚转角速率误差

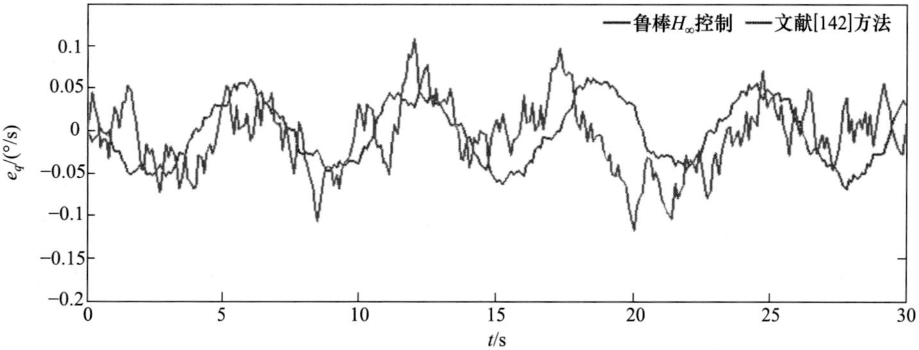

(b) 俯仰角速率误差

图 3-17　角速率误差曲线

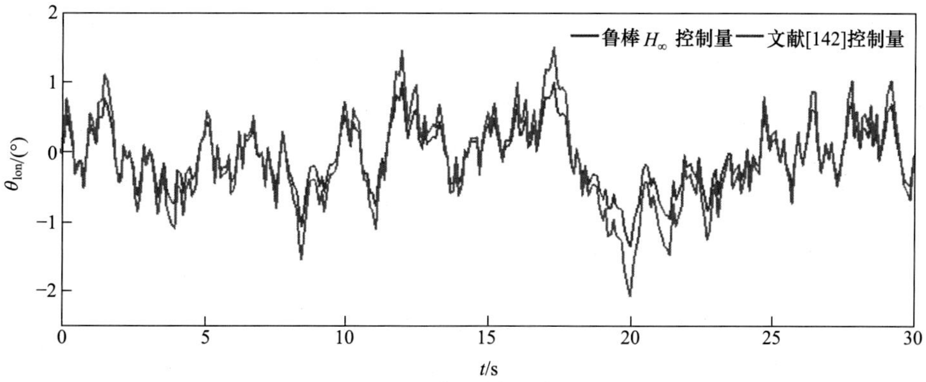

(a) 纵向周期变距输入量

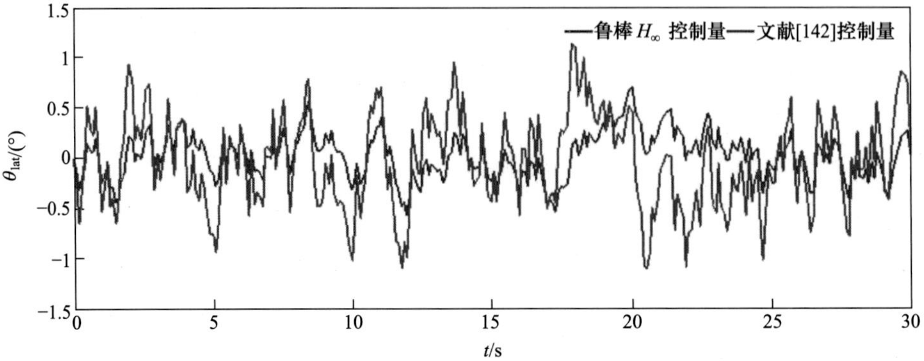

(b) 横向周期变距输入量

图 3-18　控制输入

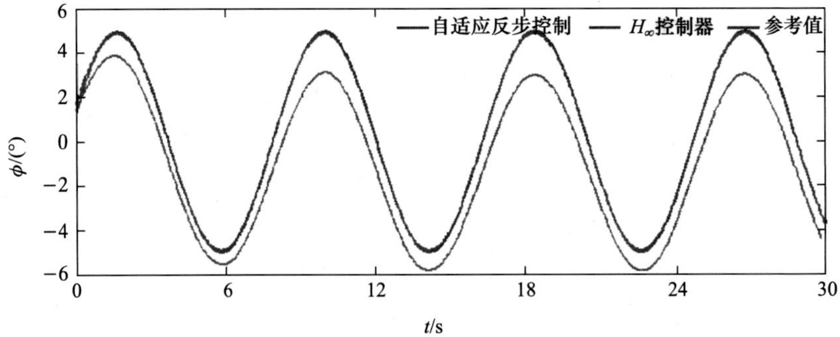

图 4-1　滚转角输出

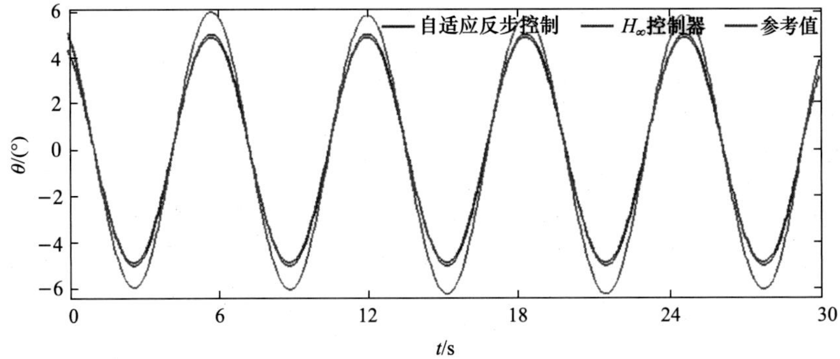

图 4-3　俯仰角输出